觀念
生物學

模式・能量・訊息

Mahlon Hoagland・Bert Dodson

李千毅——譯

1

THE WAY LIFE WORKS

作者簡介

霍格蘭（Mahlon Hoagland）

傑出的分子生物學家，美國國家科學院院士。

霍格蘭在科學上有許多成就，最重要的有：發現胺基酸活化酵素；

以及發現轉送RNA（tRNA），揭露了DNA攜帶的訊息如何轉譯為蛋白質的機制。

退休後專注於科學寫作與教育，與竇德生合著的《觀念生物學1、2》是他的代表作。

霍格蘭於2007年辭世。

竇德生（Bert Dodson）

才華洋溢的畫家，曾為80多本書繪製插畫，

也是連環漫畫《核潛艇》（Nuke）的作者。

竇德生在設計學院開課多年，教人如何畫插畫與素描；

他還寫了一本受歡迎的書《會拿筆就會畫》（Keys to Drawing）。

―――――

譯者簡介

李千毅

密西根大學生物碩士，曾任天下文化編輯，
譯有《觀念生物學 1～4》、《觀念化學 IV》、
《現代化學 II》（合譯）、《金色雙螺旋》（合譯）等書。

觀念生物學 1

模式・能量・訊息

目錄

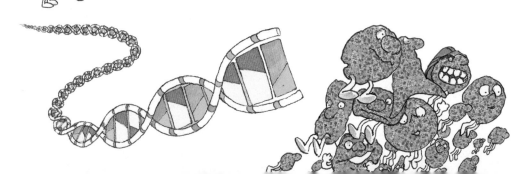

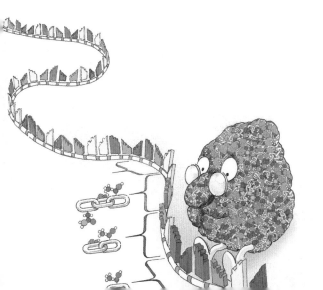

觀念生物學 2

機制 · 回饋 · 群集 · 演化

目錄

再版序

生物世界總有說不完的故事

　　最早是霍格蘭博士期盼能寫一本書，闡述所有生命的共通性，也就是多樣外表下蘊含的相似之處。他想傳達給讀者的，是生命如何利用相同的分子、規則與限制，創造出我們周遭所見多朵多姿的世界。他深信未來四分之一世紀儘管會出現許多重大的科學發現，但基本的故事不會改變，反而將更備受矚目、更加豐富。

　　本書發行第一版時，基因學領域正爆發許多新的概念和實驗方法。舉例來說，我們原本以為人類基因組大約有 70,000 個基因，但人類基因組計畫顯示，我們遠遠高估這個數字了。我們的基因其實不到 20,000 個，跟小鼠的基因數差不多。基因「混合搭配」的彈性將零零碎碎的 DNA 以複雜的方式組合，使我們與小鼠之間產生天壤之別。

　　目前，新穎的實驗室技術讓基因治療成為慣常的程序。將基因從一種生物移至另一種生物體內，如今已經是稀鬆平常的事了。我們還複製了動物；有一些小孩擁有三名生物學上的父母；科學家甚至以 DNA 當作運算工具。這些發展讓我們更迫切需要一本書，把基因與蛋白質的微觀世界，和動植物的巨觀世界連結起來。

　　霍格蘭博士晚年積極教授《觀念生物學》的內容，並且四處演講。他的女兒茱蒂‧郝克（Judy Hauck）是著名的科學作家與編輯，她把這本書另外改寫成一本教科書版的《新觀念生物學》，目前正針對該書描寫的 DNA、RNA 和蛋白質分子製作教案（請見 TeachDNA.com 網站）。

　　霍格蘭於 2007 年辭世。他是備受尊崇的科學家，轉送 RNA 的共同發現者，也是啟迪人心的老師，同時是令人敬愛的朋友與父親。他若知道我們的書有更多中文讀者，一定會非常高興。

賓德生（本書作者）、郝克（本書作者霍格蘭的女兒）

作者手記

讚嘆生命的一致性

我們兩個人，一個是生物學家，一個是畫家，相遇在 1988 年。才初次見面，我們就發現彼此都對生命的共通現象充滿了驚喜與著迷——所有活生生的東西，從微小的細菌到複雜的人類，竟然都利用相同的物質與相似的方式運作著，真是奧妙極了！

於是我們開始思索有沒有什麼辦法，可以把我們對生命的讚嘆分享給大家。很快的，我們發現可以透過把科學與藝術搓揉成水乳交融的境界，來達到我們的目的。在這過程中，我們希望能說服讀者相信：只要你對大自然了解愈深，你就愈能賞識它的美，進而豐富了自己的生活。

接著，一連串美妙的事情發生了。先是生物學家當老師，畫家當學生，一個解說，一個質問；兩人一下子探索，一下子辯證。有一天，畫家突

發奇想，畫出一幅跨頁的插畫，讓生物學家眼睛一亮，因而把生物學家自以為很懂的東西推向新視野；於是畫家搖身一變，成為老師，生物學家變成學生。在這樣的互動與激盪中，我們對彼此的信心與默契日益滋長。我們經過細究、詳查、篩檢、整理，把彼此對生命如何運作的闡釋，拼組成一幅完整的全景。

　　這位生物學家希望，讀者能因此對科學的發現與成就，以及人類能深入了解自然所具有的潛力，感到敬畏與驕傲；這位畫家則看見一種可能性，也就是當我們體認到人類與生物世界所存在的一致性之後，將能指引每一個人的行為，朝向生命世界共同的大未來邁進。我們的這番苦心，企盼讀者能深切感受到。

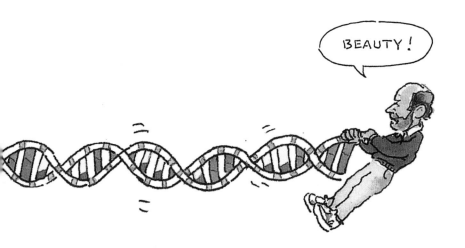

致　謝

　　我們很感謝一些同僚與友人的批評與指教，讓我們在寫書的過程中學到很多東西，這些人包括：Nancy Bucher、William Crane、Liz Davis、Jerry Gross、Bill Layton、Beth Luna、 Ernst Mayr、 Javier Penalosa、Sheldon Penman、Oscar Scornik、Walter Stockmeyer、Kip Sluder、Bernie Trumpower 以及 George Witman。

　　還要特別感謝 Thoru Pederson、Judy Hauck 和 Scott Dodson，他們如此熱忱，持續給予我們鼓勵與寶貴的建議。Sue Ricker 在這費時四年才成書的過程中，提供了行政與雜務上的極大協助。Bonnie Dodson、John Stephens 和 Moria Stephens 則在美術方面鼎力相助。

　　Times Books 出版公司的編輯 Betsy Rapoport 給我們完整的指引，使我們對一般讀者的需求更加敏銳；Random House 出版公司的編輯 Sam Vaughan 提供許多活潑有趣的意見；Lifland et al. Bookmakers 公司的 Jane Hoover 則提供

絕佳的原稿編輯協助。

　　此外，我們謝謝 The Laughing Bear Associate 的 Mason Singer、Rachel Goldenberg、 Bob Nuner 和 Linda Mirabile，感謝他們對此書美術設計的一切細節付出耐心與創意。

　　我們在 Palmer & Dodge 公司的經紀人 Jill Kneerim，以她能言善道的口才與古道熱腸的赤忱，不時的提振我們的士氣。在爭取 Richard Lounsbery Foundation 的資金贊助時，我們深深感謝已辭世的 Lewis Thomas 的大力幫助；也很高興 The Montshire Museum of Science 的館長 David Goudy 願意讓博物館做為我們的贊助單位，並為本書中精采的繪畫舉辦展覽。

　　最後，我們還要向我們兩人的妻子：Tess Hoagland 以及 Bonnie Dodson，獻上深深的謝意，感謝她們無盡的愛的鼓勵與實務上的協助。

簡介

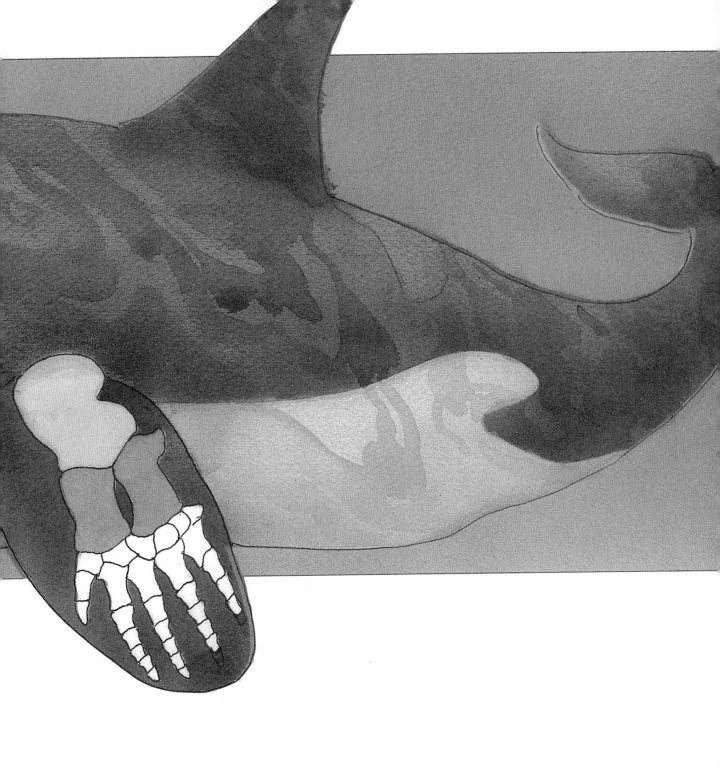

　　假設有一天你漫步在無人的海邊，走著走著，忽然遇見一具鯨的遺骸，擱淺在沙灘上。時間、潮水以及專吃腐肉的鳥類差不多已將這條鯨的肉消耗殆盡了。你的第一個反應可能是同情這同屬於哺乳類的動物，也許你會好奇這條鯨究竟是發生了什麼事？

　　等你仔細瞧瞧牠的骨架，不禁訝異其中出現的模式。在鯨的前鰭，你可以看見骨骼分為 3 段：最靠近身體的那段，由一根骨頭構成；中間段有兩根並列的骨頭；而最靠外側的那段則開岔成 5 個分枝，每一分枝再由若干小骨構成。事實上，這樣的結構與人類的手臂和手掌非常相似，儘管大小比例不同，兩者的模式卻是像極了。

　　奇怪，鯨怎麼會有類似人類手臂的前鰭呢？而且鯨又沒有手

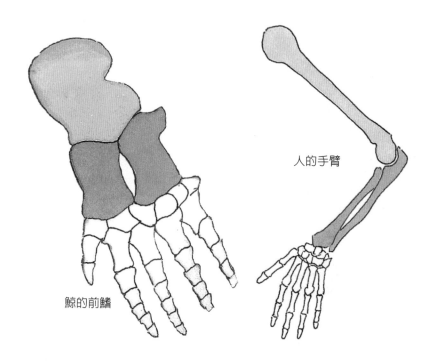

人的手臂

鯨的前鰭

指，幹嘛長出指骨呢？難道說我們和鯨有血緣關係？會不會這種肢、鰭之類的模式早在鯨或人類出現以前就存在了？

單一的主題

一說到生物世界，人們總是想到它繽紛的多樣性──也就是隨地放眼所見的各式各樣動植物。不論是介紹大自然奇觀的電視節目或書籍，往往是讚嘆生物為了適應地球環境所展現出的各種生存絕技。然而本書的主旨恰好相反，它要歌頌的是生物的一致性，把焦點專注在所有生命形式所具有的共通性。

從人類的手臂、鯨的鰭，到鳥類的翅膀、蝙蝠的翼，甚至是幾

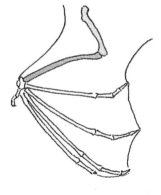

蝙蝠的翼

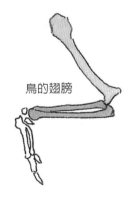

鳥的翅膀

百萬年前的生物化石,它們骨骼中存在的同源(或共同)模式是我們首先觀察到的一致性,不過等我們逐步探討下去,你就會發現更多的一致性。

每一種活著的生物若不是單一個細胞,就是由多細胞構成。細胞雖小,卻是活生生的實體,它能聚集燃料與建材、生產能量、生長及複製。不論是細菌、蒼蠅、青蛙或人類的細胞,也不論是皮膚細胞、肝細胞或腦細胞,所有生物的細胞都利用相同或近乎相同的分子以及生化反應,來維持生命的運作。

我們因此可以得到兩項結論:今日地球上所有生物賴以維生的基本結構與生化機制都大同小異;而所有生命誕生的過程也都遵循著一套相同的規則來進行。

由此看來,各種形式的生命之間其實是彼此關連的,我們可以從各自的祖先追本溯源,一路追蹤回 40 億年前的年代,會發現生命很可能來自單一源頭。

相信當你體認了存在所有生物之間的相同模式後,將會更加讚嘆生命的奧妙與美麗。

從微小的東西著眼

本書所要講的東西大多發生在細胞內。你若對這樣的微觀世界不清楚,恐怕需要好好運用一下想像力,來了解分子究竟有多麼微小、數量有多麼繁多。

偉大的蘇格蘭數學家及物理學家克耳文,曾經這樣比喻:「假設你可以把一杯水中的水分子都做上標記,然後將這杯水倒進海洋中,並徹底攪拌海水,讓這些有標記的水分子能夠均勻分布在七大海洋中。接著從任何地方舀起一杯海水,你會發現其中含有 100 個

克耳文勛爵(Lord Kelvin, 1824-1907),原名為 William Thomson,後來受封為男爵,以熱力學研究著稱,發展出絕對溫標。因此絕對溫標也稱為克氏溫標。(絕對溫標的零度約等於攝氏零下 273 度,這是一切溫度的下限,亦即不可能存在比絕對零度更低的溫度。)

有標記的水分子。」

　　大小與速率是相關的。一般而言，愈小的東西移動得愈快。水分子也好，體內其他上千種的分子也好，它們都是以極驚人的速率，在百萬分之一秒的百萬分之一瞬間內，與其他分子擦肩而過，或彼此相撞。

　　生物就是靠著這樣頻繁且激烈的碰撞來維繫生命。當你意識到細胞內的分子是以你能想像的速率的百萬倍來移動時，就比較容易明白細胞內不斷進行著的生化反應的確切速率（每秒約有數千種反應發生）。

　　當思考身體的組成時，我們很容易把它分成肌肉、心臟、腦等部位來看。但當我們進一步來瞧瞧這些部位的組成時，就會發現它們都是由細胞所構成的。就大小而言，從肌肉的層級跳到細胞的層級，可說是一種大降級。人類的細胞大約比針尖小 10 倍，我們的身體大約是由 5 兆個細胞組成的。每個細胞內含有不計其數的原子、分子以及各式的結構，這也正是本書內容的主角。

　　後面兩頁的圖解也許能幫助你掌握原子、分子、細胞、器官和個體之間的相對大小。想像自己站在一座碼頭上，一隻手握著一顆 BB 彈，它代表一個原子的大小，另一隻手握著一顆彈珠，它象徵一個簡單的分子。你的身旁有一隻貓咪，牠代表長鏈分子。附近停著一輛貨櫃車，則相當於由長鏈分子組成的分子結構物，例如細胞膜或胞器。停泊在碼頭旁的遊輪可比做細胞的大小，而碼頭所在地的北美大陸則相當於一個完整的生物個體。

　　再接下來的四頁，我們以圖示的方式來清楚區分細胞內各種組成的大小。請注意，我們還是從原子到細胞（這之間相差 200,000 倍）分成 4 種尺度來介紹。

BB彈
（原子）

彈珠
（簡單分子）

貓
（長鏈分子）

船（細胞）

貨櫃車（分子結構物）

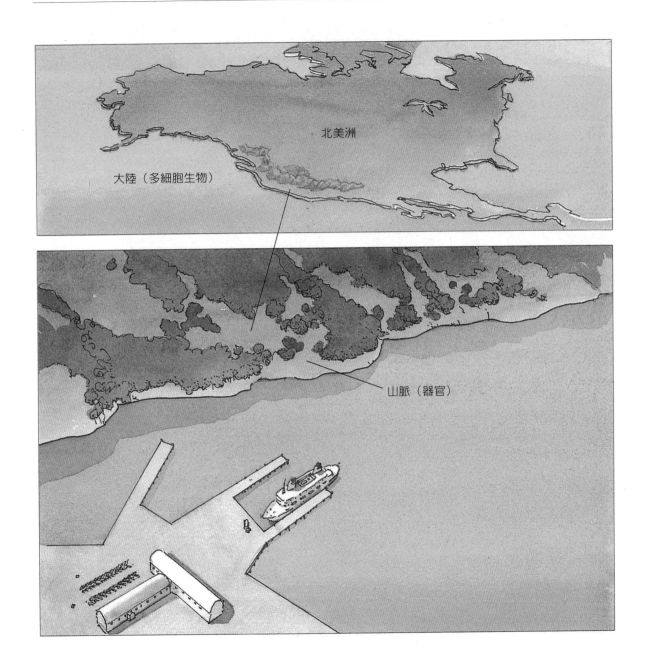

大陸（多細胞生物）

北美洲

山脈（器官）

從原子到細胞——
相對的大小

尺度一：原子和分子
放大 5 千萬倍

原子是宇宙中所有物質（不論生物或非生物）的基本組成單位。原子的直徑從幾億分之一公分到一億分之一公分不等。分子則由原子鍵結而成。大部分生物賴以維生的三種小分子就是由 2～3 個原子構成的，這三種小分子如下：二氧化碳（CO_2），這是生命所需的碳原子的主要來源；氧（O_2），這是大部分生物製造能量時所必需的氣體；水（H_2O），可說是細胞內的海洋，一切維生所需的機器都浸泡在水中，以利化學反應的進行。

二氧化碳　　　　　　　水　　　　　　　氧氣

細胞內還可見到稍微再大一點的分子，約由 10～35 個原子構成，這樣的分子差不多有上千種，它們可能是細胞的燃料、建材，或即將成為細胞的燃料、建材，我們稱這類分子為簡單分子。本書將提到幾種重要的簡單分子，包括核苷酸、胺基酸、醣類等，我們以不同的顏色及形狀來反映它們具有不同的功能。

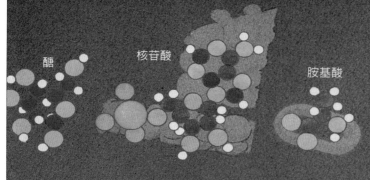

醣　　　　　　核苷酸　　　　　　　　　　胺基酸

氫　　碳
磷　　　　　　　　氮
　　　氧
硫

蛋白質

核苷酸

胺基酸

在這套書裡，我們把核苷酸和胺基酸畫成如上圖，這樣最能顯示它們的功能。

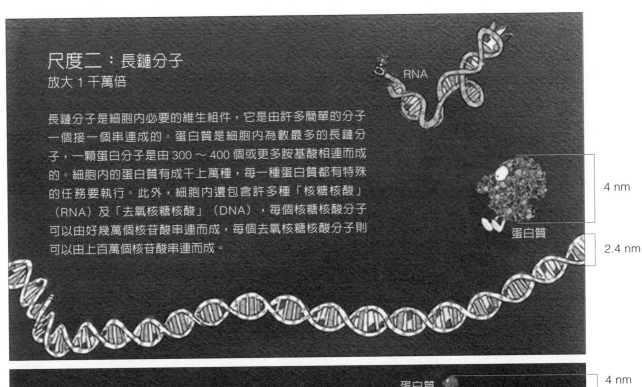

尺度二：長鏈分子
放大 1 千萬倍

長鏈分子是細胞內必要的維生組件，它是由許多簡單的分子一個接一個串連成的。蛋白質是細胞內為數最多的長鏈分子，一顆蛋白分子是由 300 ～ 400 個或更多胺基酸相連而成的。細胞內的蛋白質有成千上萬種，每一種蛋白質都有特殊的任務要執行。此外，細胞內還包含許多種「核糖核酸」（RNA）及「去氧核糖核酸」（DNA），每個核糖核酸分子可以由好幾萬個核苷酸串連而成，每個去氧核糖核酸分子則可以由上百萬個核苷酸串連而成。

RNA

蛋白質

4 nm

2.4 nm

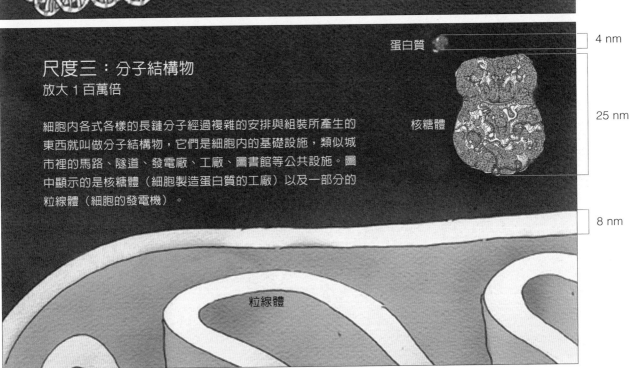

尺度三：分子結構物
放大 1 百萬倍

細胞內各式各樣的長鏈分子經過複雜的安排與組裝所產生的東西就叫做分子結構物，它們是細胞內的基礎設施，類似城市裡的馬路、隧道、發電廠、工廠、圖書館等公共設施。圖中顯示的是核糖體（細胞製造蛋白質的工廠）以及一部分的粒線體（細胞的發電機）。

蛋白質

4 nm

核糖體

25 nm

8 nm

粒線體

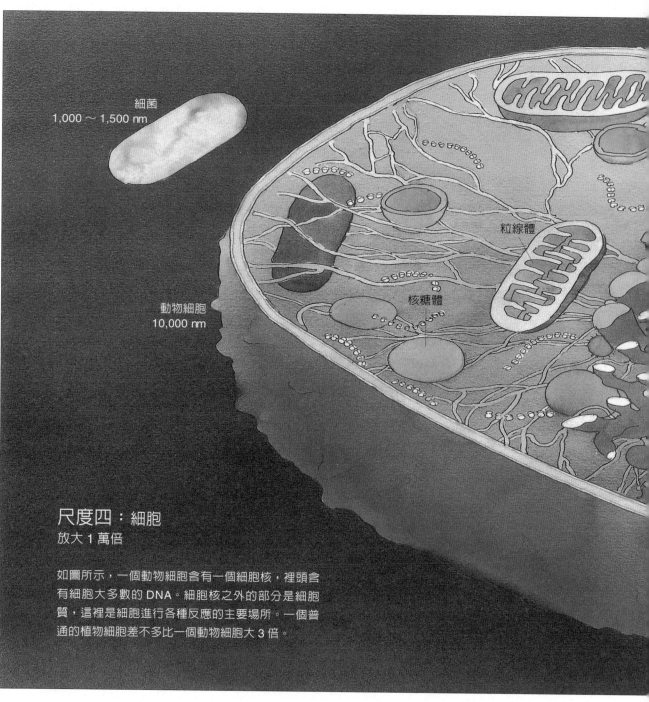

細菌
1,000 ～ 1,500 nm

粒線體

核糖體

動物細胞
10,000 nm

尺度四：細胞
放大 1 萬倍

如圖所示，一個動物細胞含有一個細胞核，裡頭含
有細胞大多數的 DNA。細胞核之外的部分是細胞
質，這裡是細胞進行各種反應的主要場所。一個普
通的植物細胞差不多比一個動物細胞大 3 倍。

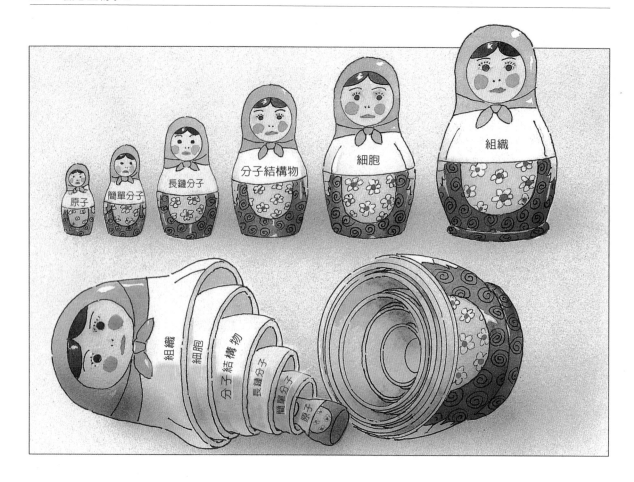

局部與整體

　　把生命的結構分成若干層級來思考是挺不錯的辦法，由簡到繁，我們看到了原子、簡單分子、長鏈分子、分子結構物，再上去是組織、器官、系統、個體以及由個體組成的群集。較高的層級總是包含了所有在它之下的層級，就像上圖中的俄羅斯娃娃那樣一個套一個。

　　科學家發現，當我們對於較低層級有充足的了解之後，有助於解釋向上升一層級後所發生的事。好比說，你想知道汽車是如何運作的，你首先得了解汽缸、火星塞與化油器是什麼東西，以及它們如何交互作用。

　　這種藉由了解局部來推知整體的方法，叫做化約主義，它為過去數十年的科學研究帶來爆炸性的知識，包括基因是什麼、基因如何執行功能、生命如何獲取能量、如何得到訊息、如何維持運轉以及如何受到調控等等。這些也正是本書前六章所要探討的「什麼」和「如何」的問題。

　　當我們試問「為什麼這個東西是這樣」時，我們必須從這個東西之外的事物，以及它與周遭環境的關係來了解。譬如說，為什麼鳥類有各種不一樣的喙？想要知道答案，我們不只要研究鳥類本身，還要知道牠們所吃的食物，以及其他相關的事。像「為什麼」這類的問題，多是在探討空間與時間所造成的相關模式，特別是與演化有關的問題，這也正是本書最後一章的主題。

　　生化學家與分子生物學家容易視他們自己為化約主義的信奉者，而博物學家與生態學家則傾向觀看事物的全局。其實每位科學家都必須經常更換自己的視界，以小觀大，再以大觀小，在見樹與見林之間移動。我們也建議你保有類似的變動性，這樣你便能跟著我們，在微觀世界與巨觀世界之間來回移動了。

生命運作的基本分子

　　為了探索生物的一致性，我們開始動手將分子的微小世界，與你肉眼可見的周遭世界相連結。說穿了，維持生命運作的核心主角是兩種長鏈分子：一種專門攜帶訊息，另一種專門執行任務。簡單

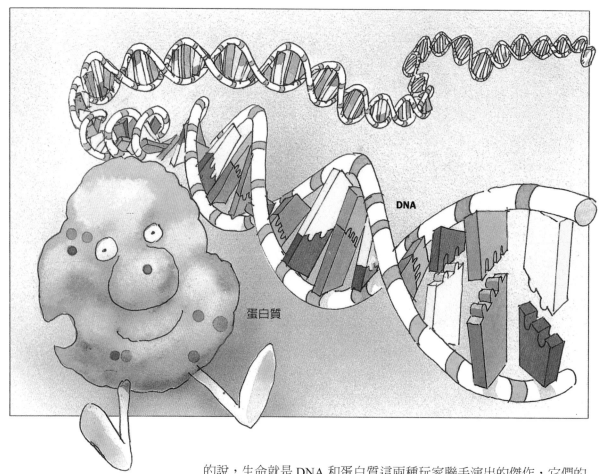

DNA

蛋白質

的說，生命就是 DNA 和蛋白質這兩種玩家聯手演出的傑作，它們的合作就好比指令與機器之間的關係。

想像看不見的世界

說實在的，原子、簡單分子，甚至 DNA 及蛋白質根本是看不見的東西，即使透過最高倍數的光學顯微鏡，我們的眼睛就是無法看見它們。儘管科學家還是有其他高明的辦法來「看見」很微小的東

西，但沒有人眞正用肉眼看過分子結構物實際的樣貌。這樣一來，我們就可以自在放心的描繪分子的樣子，只爲了能夠清楚的傳達出它們的功能。

DNA 就好比一種叫做「萬能工匠」的組合式玩具，可以很快的組裝及拆解。蛋白質則好像細胞裡的小小工人，與其他等待被處理的分子不同，它們拚命的幹活。不過你也別以爲蛋白質眞的可以比擬成人類，它們只是能夠不厭其煩的重複做著同一件事情罷了，你瞧它們個個看似友善卻又兩眼無神，就明白了。

你的旅遊路線圖

本書的第 1 章「模式」，提供你縱覽生命重要特徵的全景，好集中你的思維焦點，並刺激你的胃口。其中提出的許多問題，都會在你讀完這本書後一一得到解答。

生物藉由把日光轉換成能量來維持生命，這整個能量轉變的過程將是第 2 章的主題「能量」。

從解讀「訊息」來了解生命如何運作，不失爲一個好的開始，這也正是第 3 章的主題「訊息」。生命的訊息是以 DNA 語言寫成的，並妥善保存在每個細胞內。

這些訊息蘊藏著讓生命機器運轉的密碼，所以接下來第 4 章要談的就是生命的「機器」，也就是在細胞內執行各式各樣功能以及建造細胞結構的蛋白質。

光是有了能量、訊息和機器還不足以讓生命順暢的動起來，細胞還要能夠調節化學反應的速率、盡量排除廢物、提升反應效率，並確保環環相扣的反應過程能和諧運作，以促進全身的健康。這其實就是生物系統中的協調與控制的角色，我們通稱爲「回饋」，這也是第 5 章的主題。

16 種你該知道
的生命現象

能量在生物間轉移

為何生命只能來自生命

DNA 的包裝

醣類的燃燒

DNA 雙螺旋

醣類的製造

複製與修復

酵素

訊息長鏈

能量分子

A T G C
4 種字母

化學鍵

模 式   能 量   訊 息

　　前面幾章探討的，都是一個細胞活著所需的要件。第 6 章「群集」要探討的，則是在多細胞生物體內，細胞與細胞之間如何互動的原理，特別是像受精卵這樣的單一細胞如何變成多細胞的個體。

　　在前面 6 章，我們已經檢視過生命現象中的「什麼」以及「如何」，接著我們要問問「為什麼」之類的問題：生物為什麼是這個樣子的呢？在漫漫的時間長河中，生命的訊息一代傳一代，輾轉間逐漸的修飾了製造生命的機器 —— 這個讓生物得以與周遭世界接觸的機器，不僅決定了該生物的命運，也決定了它所蘊藏的訊息的命運。第 7 章所要探討的，就是把生物之間種種的為什麼，做一個融通的整合，主題就是「演化」。

第 1 章

模 式

——16 種你該知道的生命現象

　　想要把生命視作一個整體，或想要觀察所有生物的共同點，你需要改變一下平常看待事物的角度。你必須超越一隻昆蟲、一棵樹、一朵花的局限，去尋求更宏觀的視野。生命的反應過程與組成結構一樣重要，從這樣的觀點出發，我們可以找出生命共通的模式與規則。所有的生命都是透過這些規則來創造、組合、循環、以及再創造。

　　在這裡，我們準備描述生命的 16 種模式，從最小的生物到人類這樣複雜的生物，大多可以適用。我們不敢說生命恰好只有這 16 種共通的規則，我們的用意只是邀請讀者換個角度，從以往欣賞每種生物的獨特性，轉向去體認所有生物的共通性。

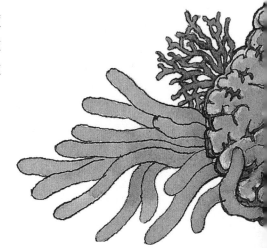

生命的 16 種共通模式：

 1. 生命是由簡到繁組成的

 2. 生命是由基本單位串連而成的

 3. 生命需要內外之別

 4. 生命使用少許的主題製造出許多變奏曲

 5. 生命是依照訊息來組成的

 6. 生命藉由訊息的重組來創造新變化

 7. 生命的創造會發生失誤

 8. 生命發生於水中

 9. 生命需要醣類來維持運轉

10. 生命週而復始的運作

11. 生命反覆利用它所使用的東西

12. 生命藉由汰舊換新來維持

13. 生命傾向最適狀態，而非最大狀態

14. 生命是機會主義者

15. 生命在互助的基準下彼此競爭

16. 生命彼此相關、彼此依存

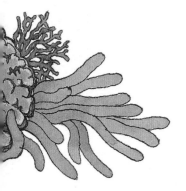

1. 生命是由簡到繁組成的

小東西的影響力

　　我們應該將每一種生物視作一個小宇宙，也就是由一大群能自我繁衍、而且小得不能再小，又多如滿天繁星的細胞所組成的微小世界。

——達爾文

　　早期演化學的爭議總是繞著「人類與猿類來自同一個祖先」打轉，這在當時是個很可怕的觀點。其實，達爾文的想法有更激進的含意：每個個體都是由更小的個體（細胞）組成的群集，每個細胞則由還要更小的無生命東西組成。這些微小的無生命物體正是演化史上首先發展出來的東西，它們經年累月逐漸拼裝成細胞，細胞後來又組裝成多細胞生物。我們的祖先是會游動的小生物，類似我們現在所稱的細菌，而細菌的祖先則是一些會自我複製的分子。

　　在地球上出現植物或動物之前，細菌已先發明出所有維生所需的基本化學系統。細菌的本事可真不少，它們能夠轉化地球大氣中的物質、轉換太陽的能量、發展出第一套生物電力系統、發明有性生殖及如何四處移動的方法、完成精巧的基因複製機器，還有學會彼此聚集並組成較高等的群集。你瞧，這些正是我們引以為傲的祖先呢！

　　當你知道生命由簡到繁的過程是多麼艱巨之後，就可以明白為何多細胞生物存在的時間僅占地球上生命存在時間的八分之一（請見第 2 冊第 167 頁），而且比單細胞晚了很久的時間才出現。所以我們的存在，其實是來自單細胞祖先彼此聚集複合而成的精心之作。

達爾文（Charles R. Darwin, 1809-1882），英國博物學家。1831 年搭英國海軍艦艇「小獵犬號」出海調查 5 年，孕育出「天擇」演化思想。但直到 1859 年才出版《物種原始》；到 1881 年止，達爾文共完成 12 種有關演化論的著作。

由眾多細胞構成的合作群集 （community）▶
細胞的小群集，例如我們舌頭上的味蕾，彼此合作，好像一支陣容龐大的
專家。它們創造出獨特的構造，並有神經連結到大腦，使我們能夠品嚐各
種食物。（右圖展示的是經過放大的人類舌頭。）

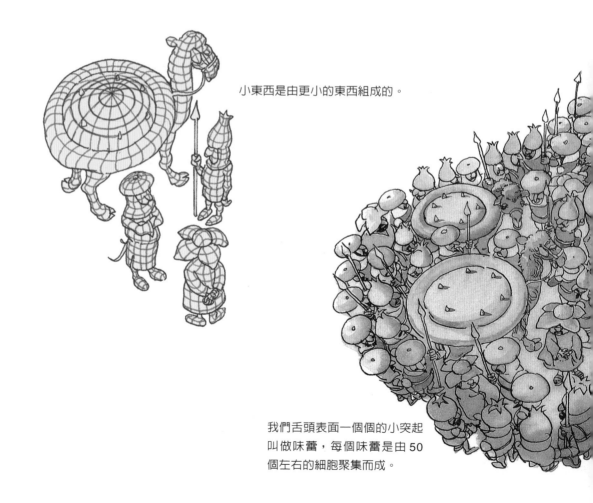

小東西是由更小的東西組成的。

我們舌頭表面一個個的小突起
叫做味蕾，每個味蕾是由50
個左右的細胞聚集而成。

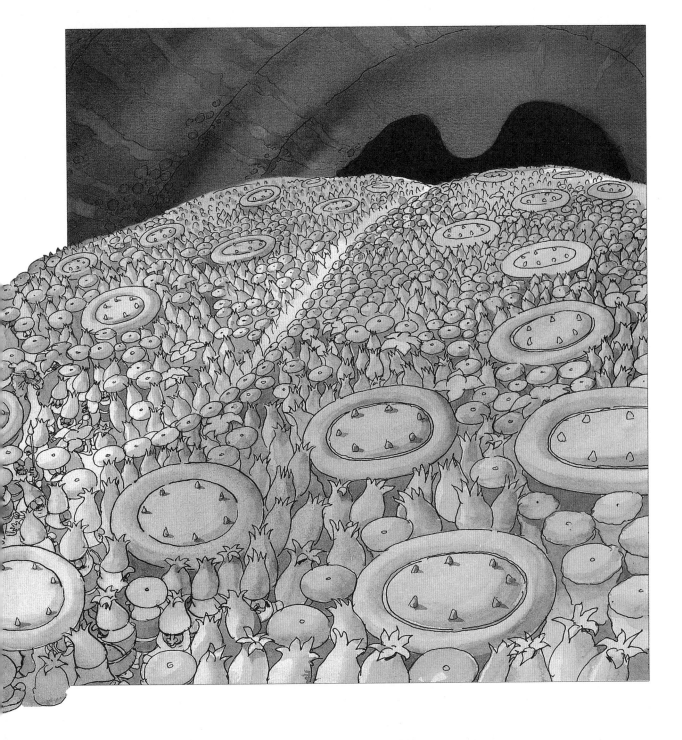

2. 生命是由基本單位串連而成的

當相異的東西組合成有訊息的東西

我們發現在分子層級中，生命已經懂得採用串連的原理來組織
各種東西。長鏈分子就是由簡單的小單元彼此相連而成的巨大分

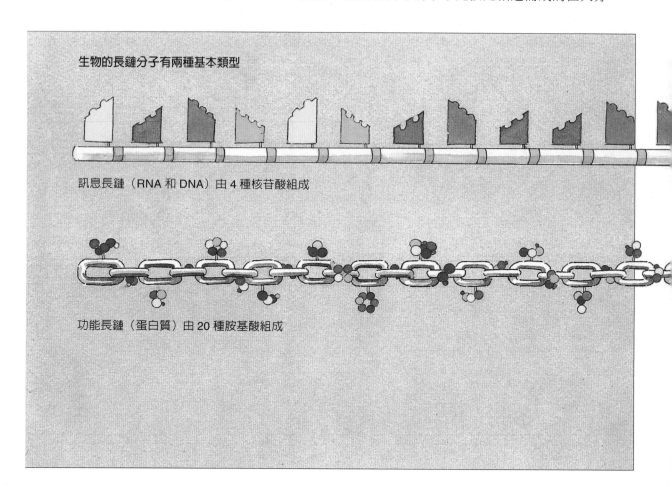

生物的長鏈分子有兩種基本類型

訊息長鏈（RNA 和 DNA）由 4 種核苷酸組成

功能長鏈（蛋白質）由 20 種胺基酸組成

子，好比綿長而有彈性的繩索。

　　在普通的鐵鏈中，每個環結都是一樣的構造，相反的，細胞內維生所需的長鏈分子，則由不同的小單元串連而成。我們不妨就把這一個個的小單元想成是生命的英文字母。我們知道，字母只要照著正確的順序就可以拼成一個個有意義的單字，進而組成句子、段落及文章。同樣的，長鏈分子中，每個小單元依照特定的順序，就

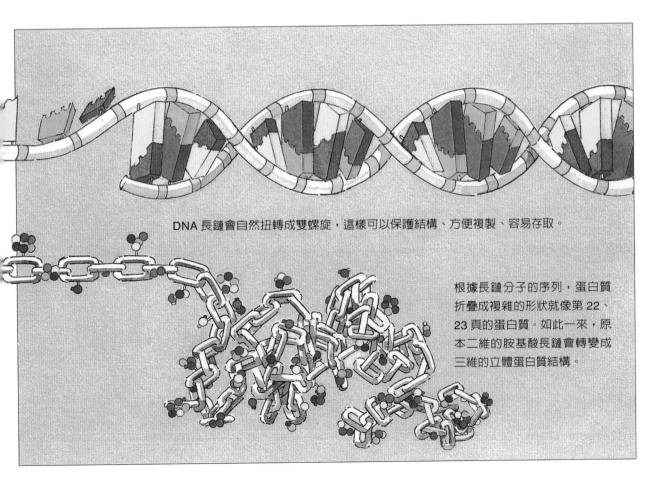

DNA 長鏈會自然扭轉成雙螺旋，這樣可以保護結構、方便複製、容易存取。

根據長鏈分子的序列，蛋白質折疊成複雜的形狀就像第 22、23 頁的蛋白質。如此一來，原本二維的胺基酸長鏈會轉變成三維的立體蛋白質結構。

注：關於 DNA、RNA、核苷酸、蛋白質、胺基酸，將會在第 3、4 章中詳細介紹。

可連結成含有訊息的大分子。

　　長鏈分子可以分成兩大類：訊息長鏈（專司訊息的儲存與傳遞）以及功能長鏈（負責維持生命的運作）。這兩種長鏈分子以循環的方式合作：訊息長鏈提供基因的處方（或食譜），可以轉譯出功能長鏈，而功能長鏈又協助訊息長鏈的複製，讓訊息長鏈（其實就是遺傳分子 DNA）能夠傳給下一代。

由一模一樣的小鐵環串連而成的長鏈，只是一條很普通的鐵鏈，

但若連結的小單元不同，就可能含帶訊息在其中：

摩斯電碼是由點和線兩種單元組成的

電腦語言是由 0 和 1 兩種單元組成的

Now is the winter of our disco

一句英文是由 26 個字母構成的

3. 生命需要內外之別

頭朝外，尾朝內

　　當危險來臨時，麝牛會圍成圓形的圈陣，牛頭和牛角朝外，尾巴朝內，把脆弱的小牛包圍在中央，保護起來（見第 45 頁）。這樣的保護圈闡明了生命最根本的組成原理之一，那就是裡面和外面的區別。生物體內的化學物質必須集中起來，這樣它們才有機會相互碰撞，讓反應迅速發生。體內的環境需要適當的鹽分、酸鹼度、溫度等，這與體外的環境很不一樣。體內與體外是透過一些保護屏障來區隔的，像是嬰兒的皮膚、蚌的外殼或是細胞的膜。

▼ **細胞膜**
細胞膜是由兩層整齊劃一的磷脂質分子組成的。在外圍那一層，親水性的頭朝外，接觸到有水的環境。在裡面這一層，親水性的頭朝細胞內。這兩層磷脂質有效的把細胞內外隔絕開來，細胞膜上鑲嵌的蛋白質幫浦（如圖所示）便負責把分子推入或推出細胞。

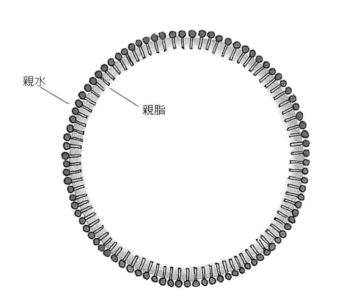

親水

親脂

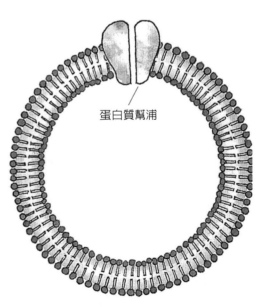

蛋白質幫浦

細胞表面的細胞膜就好像遭遇危險的麝牛一般。構成細胞膜的脂質分子有親水性的「頭」以及親脂性的「尾」。頭朝外，接觸到細胞外的有水環境，尾則朝向細胞內。由於細胞內也是有水的環境，所以還需要另一層脂質分子，尾對尾的與外層脂質分子接壞，讓親水性的頭朝向細胞內。有了這樣區隔內外的保護結構，加上一些鑲嵌在細胞膜上的幫浦（用來把原料推進，把廢物排出），細胞就可以安心的工作了。

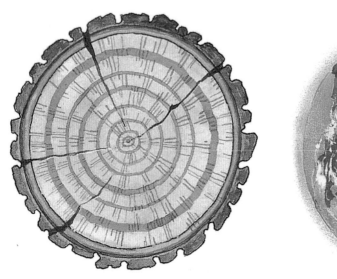 

▲大型的保護膜

樹皮護衛著樹幹內的活組織，抵擋昆蟲、疾病、惡劣天氣的傷害。

大氣既能調節地球的溫度，也能保護地球上的生物免於陽光中的紫外線傷害。

4. 生命使用少許的主題製造出許多變奏曲

主題曲與變奏曲 ▶
世界上的甲蟲大約有 300,000 種
（是數量最多的一類昆蟲），牠們
展現出千奇百怪的色澤、樣式、裝
飾物，還有各種頭、胸、腹部比例
的變化。不過「萬變不離其宗」，
甲蟲之所以為甲蟲，就是因為牠們
具有共同的基本模式。

相似的內在，迥異的外在

　　生命的形式取決於它的運作方式。它一邊探索新境界、玩出新
花樣，一邊挪用舊題材、胡亂瞎搞一通。生命在這樣不斷嘗試、更
新、修補、拼湊的過程中，創造出形形色色、林林總總的獨特生
物。相較之下，生命所使用的模式與規則並沒有多少種。

　　舉例來說，細胞的分裂與生長並沒有幾種方式，但新生的細胞
可以群聚成同心圓，就像在樹幹中及動物牙齒中所見的那樣；新細

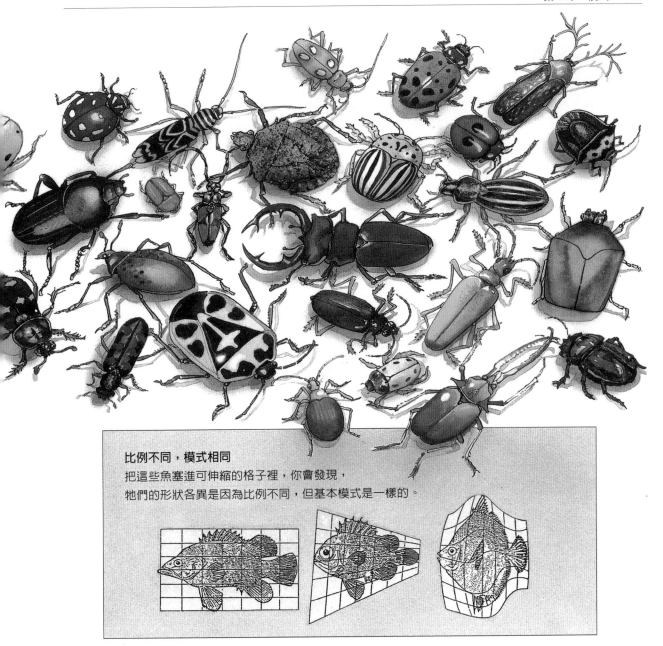

比例不同，模式相同

把這些魚塞進可伸縮的格子裡，你會發現，
牠們的形狀各異是因為比例不同，但基本模式是一樣的。

胞也可以群聚成螺旋狀，例如蝸牛的殼和公羊的角；當然新細胞還可群聚產生放射狀的東西，像是花朵以及海星；或者分枝狀的東西，像是灌木叢、肺部的支氣管，以及血管。每一種生物也許都具備若干種這樣的生長模式，而且規模可大可小，但生命繽紛的多樣性確確實實是僅由這些種類不多的生長模式組合、變化而來的。

　　生物為了以最經濟的方式利用空間，不得不借用一些數學規則。譬如說，當你繞著樹幹數一數樹枝時，你會發現樹枝的數量與你繞樹的圈數之間存在一個驚人的數字關係：1、1、2、3、5、8、13、21……，這就是所謂的費布納西數列，數列中每一項數字等於前面兩項的和。因此，在松樹的毬果上，你往一個方向可以數到 8 行鱗片，往另一個方向可以數到 13 行鱗片。在向日葵和雛菊的小花（最後會產生種子的小花朵）所形成的螺線、鸚鵡螺殼的螺線，甚至我們肺部支氣管的分枝，都可發現類似的模式。這樣的相似性讓我們洞悉到，簡單的規則應用在不同的場合，竟可製造出成千上萬種變化。大自然僅用少許的音符，卻譜出許多交響曲！

5. 生命是依照訊息來組成的

打造個體要從打造組件開始

「活著」這檔事需要仰賴很多訊息。為了存活，生物要知道如何維持恆溫、如何汰舊換新體內的組件、如何抵禦入侵者、如何從食物中獲取能量等等。有人曾經估計，一個人活著所需的訊息可以寫滿 1,500 冊百科全書，甚至可能比這數字還多上好多倍。不過在生存策略的主導下，生命還是發展成僅儲存某類實用的訊息。

下面這個比喻恰可說明生命訊息的本質：假設你打算製造一個很複雜的機器人，它需要幾百萬個手工製成的零件來組成。你很可能會這麼想，這項工作將需要製造每個零件所需的說明書，加上組裝整體所需的指示，以及最後讓它開始運轉的指示。現在，假設你有另一種選擇：首先，你根據說明書的指示製造出幾千個小機器人，每一個小機器人負責製造零件的一小部分，然後把這些小機器人都聚集起來，它們便能夠幫你組裝出一個完整的機器人，並讓機

小機器人無法靠自己獨挑大樑來完成一個複雜的零件。

若找來一群各司其職的小機器人，每個人完成一小步驟，這複雜的零件就可輕易組成。

器人開始運作。換句話說，一個極其複雜的機器人可以源自許多小
機器人之間密切的互助合作，而每個小機器人執行的都是相當簡單
的工作。

　　生命儲存在 DNA（即基因）中的訊息就是類似這樣的情形。基
因並不含有維持體溫、抵禦入侵者、布置新窩、或選擇配偶所需的
訊息，它們僅含有如何（以及何時）製造蛋白質的訊息，其他的事
就交給蛋白質去辦了（前述例子的小機器人就相當於蛋白質）。

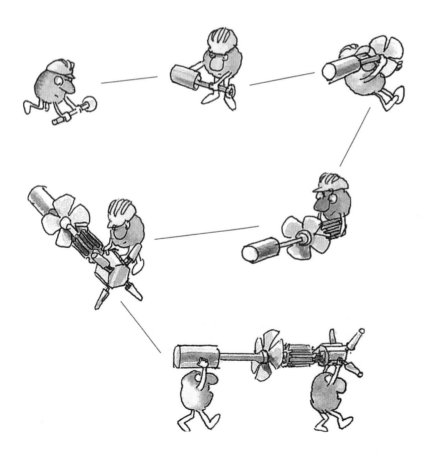

6. 生命藉由訊息的重組來創造新變化

把訊息統統混起來

　　自然界靠著交換訊息來創造新的組合。最早的生命形式——類似細菌的簡單生物，已懂得把些許訊息（DNA）注入對方體內，這就是最原始的交配形式。經過漫長的時間，生物學會了交換一大包訊息，進而演化出有性生殖，這是比較精巧的訊息重組形式。

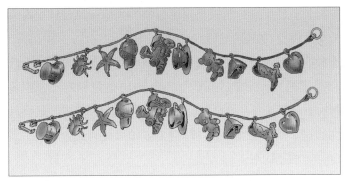

有一些配成對的飾物之間只有些微差異，
這些差異會造成個體之間遺傳上的不同。

我們的 DNA 由基因序列組成，這裡用鏈條上的飾物代表基因。
一條飾物手鏈來自我們的母親，一條來自父親。兩條手鏈上的飾
物順序都是一樣的。

製造精細胞和卵細胞時，手鏈會集合在一起，對齊後
剪裁……

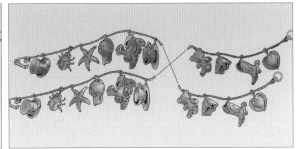

……接著交叉相連，一條手鏈接到另一條手鏈……

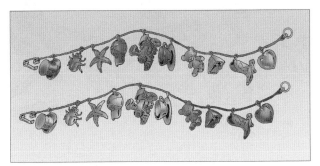

……製造出混搭鏈條。這些鏈條又可以再分開來，傳給
下一代。

　　簡而言之，有性生殖是將來自兩個個體的兩條訊息長鏈並排，隨機剪裁、交換片段，然後把混合後的鏈條傳給下一代。

　　不難想像的是，鏈條愈長，訊息交換的可能組合就愈多。組合方式的數目著實驚人，光是這裡提到的含有 10 個飾物的幸運手鏈（每個飾物代表一個基因），就有 1,233 種可能的交換方式。鏈條只要再多兩個飾物，變成 12 個，就會有 4,086 種可能的混合法。而人類大約有 20,000 個基因呢！

　　我們一定要了解，配成對的基因不總是一模一樣。舉例來說，負責製造你血液中攜帶氧氣的血紅素的基因，可能跟我的基因稍有不同。這些差異可能無關緊要，也可能導致我們其中一人的血紅素功能不良。我們每個人在遺傳上之所以獨一無二，就是因為基因裡的種種差異。任何兩個個體之間，全部基因中大約三分之一至二分之一有如此的差異。

7. 生命的創造會發生失誤

沒有意外就沒有創新

　　當細胞進行自我複製時，首先會複製一份基因，通常這份基因是完整無缺的，因此遺傳訊息可以毫無問題的全部傳給下一代。不

▲ 某甲的失誤可能成為某乙的優勢
許多動植物偶爾會出現白子（缺乏色素的變種），大部分的白子都覺得生活上有很多不利之處，因為無法融入環境中，而且許多動物的白子後代活不過嬰兒期。然而北極熊、雷鳥、北極狐、雪鞋兔等，卻多虧了牠們的白子祖先把雪白的保護色代代相傳下去，讓牠們能夠安然的生存在極地。

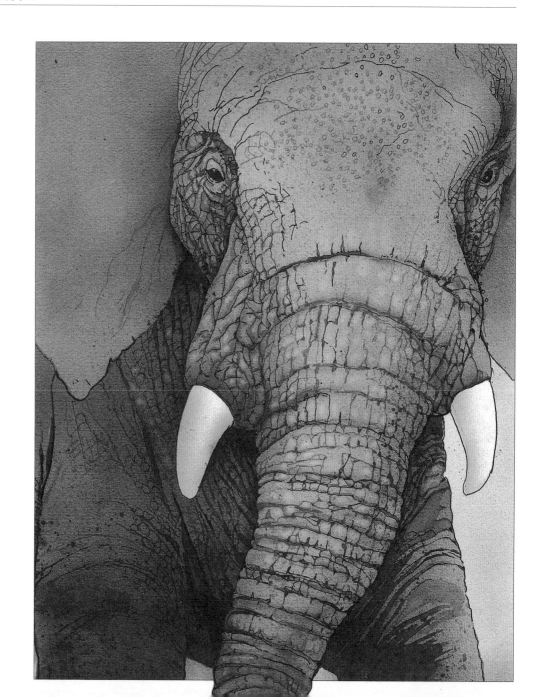

過在複製基因序列的過程中，難免也會有閃失的時候，有時只是一丁點兒的錯誤，卻帶來很不一樣的結果。即使只是抄錯一個核苷酸，卻會造成基因序列的錯誤，進而改變了基因中所要傳遞的訊息。這好比你只是撥錯一個電話號碼，就找不到你要找的人了。經過改變的訊息遺傳到下一代往往成為缺陷，不過，偶爾反而是一種改善，讓子代比親代更能適應環境。

以大象為例子。科學家猜想大象的遠古祖先可能體型較小且皮膚光滑。假設很久很久以前，大象的基因在複製時出了一個差錯，把製造皮膚細胞的訊息打亂了，導致大象的皮膚從此變得粗糙、布滿皺紋。巧的是，縐褶的皮膚比光滑的皮膚有較大的表面積，這對大象來講是頗有利的改變。大型動物通常有體內過熱的問題，縐褶的皮膚可以增加與空氣或水接觸的表面積，有加速消暑的功效。這麼看來，縐褶的皮膚有助於大象體型的變大，並讓牠們享有體型變大後的優勢。

當你體會到基因失誤在演化上所帶來的意義後，我們之前所說的「失誤」顯然把事情看得太簡單了。我們不妨以更大的格局，把這種失誤視為自然界引進隨機亂數的方式，這是所有創造過程中不可避免的一環。

◀ **體型大小與表面積**
大象皮膚上的縐褶與突起，讓牠們祖先的體型能夠變大。增大的表面積也使得小腸、肺、大腦等器官在有限的體積中增加作用的範圍。

8. 生命發生於水中

水，萬能的分子

水的特殊性質來自它的分子結構。兩個氫原子（米老鼠的耳朵）帶正電，氧原子則帶負電，使得水分子的電性分布不平衡，呈現出極性……

所有存在生命中的分子，沒有一種像水分子那樣無所不在。我們的細胞中有 70% 是水。生命起源於水中，而當我們的遠祖從海洋生物變成陸地生物時，也把水一起帶上陸地，保存在細胞中，以及包圍細胞的液體中。大部分維生必需的分子都可以溶解在水中，並在水中四處移動。

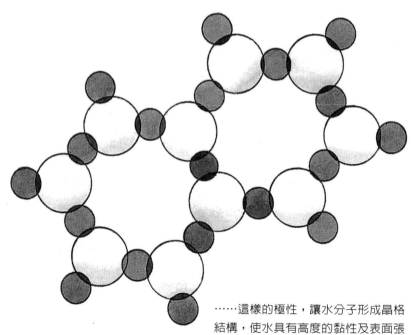

……這樣的極性，讓水分子形成晶格結構，使水具有高度的黏性及表面張力（這也是水摸起來溼溼的原因）。

地表含量最豐富
的液體 —— 水，
恰好也是最適合
生物體内進行化
學反應的液體。

　　水參與各式各樣的化學反應。儘管細胞由不溶於水的細胞膜圈住，但細胞還是靠著水才把特有的形狀撐起來的。水也提供源源不絕的氫離子，好讓某些細胞將太陽能轉化成化學能。

　　究竟是什麼東西讓水如此特別？關鍵就在於它的極性。1 個水分子是由 1 個氧原子透過電子配對與 2 個氫原子結合而成的，看起來就像一個戴著米老鼠耳朵的頭，好像沒什麼特別的。儘管水分子整體的電荷呈中性，但氧原子「頭」似乎容易把帶負電的電子拉向自己，相對之下，氫原子「耳朵」就帶有正電。

　　這代表，一個水分子的耳朵還會與另一個水分子的頭發生微弱的鍵結，反之亦然，這使得水分子彼此之間可以不斷反覆的相黏又分開，形成短暫的動態晶格。水分子這種彼此「互相擁抱」的特質，可以說明爲何大部分和水分子差不多大小的分子都是氣態的，而水分子卻呈液態。

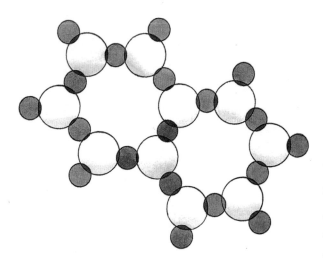

　　生命最重要的分子大多即溶於水，就跟水分子之間的連結一樣，這些分子也很容易與水形成微弱的鍵結。所有分子都會隨機移動，又傾向在溶液中均勻分散，因此一旦溶解了，就會迅速擴散至充滿水的生物體內環境中。

　　所幸，水在冰凍時會發生異常的膨脹，導致冰的密度比水小，而能夠漂浮在水面上。浮冰提供一種隔絕層，使湖泊、河川、海洋不至於完全結凍。如果水像其他天然物質那樣，固態的密度比液態的高，那麼冰塊就會下沉，這麼一來，氣候嚴寒地區的水域將完全冰凍起來，造成水中生物無法生存。

9. 生命需要醣類來維持運轉

燃燒吧，葡萄糖！

單醣是以 3 到 7 個碳原子爲主鏈，再「裝飾」上氫、氧原子所構成的簡單分子。其中，碳與碳的鍵結間蘊含著許多能量。含有 6 個碳的葡萄糖是維持生命的主要單醣，它是驅動生命引擎運轉的燃料，也是建構生命的基本材料。每年，陸生植物、藻類以及某些細菌利用太陽的能量，把大氣中 1 千億公噸的二氧化碳和水轉化成醣類，並釋出大量的氧氣，這種過程就叫做光合作用。

不論是植物、藻類、細菌或動物，都需要燃燒醣類，也就是把醣類的化學鍵所蘊藏的能量轉化成一種強而有力的化學能形式，即腺苷三磷酸（ATP, adenosine triphosphate）。所謂的呼吸作用，就是細胞內的燃燒反應，醣類分子的碳和氧在反應中轉成二氧化碳被釋出，而氫則與燃燒所需的氧氣結合成水之後釋出。

由此可見，維持生命必需的物質既從空氣來（氧氣），又回到空氣中（二氧化碳），而這過程中不斷產生的能量分子 ATP，驅動了生命一切的運作，像是移動啦、喘氣啦、或哈哈大笑等。醣類（單醣）也是構成胺基酸、核苷酸等簡單分子的起始物，這些簡單分子又可進一步組成大型的長鏈分子。

幾億年前，大量的樹木、植物、動物、細菌等深埋在地底，因爲經年累月受到高溫、高壓的影響，這些生物的遺骸最後轉化成煤炭、石油及天然氣。這類物質最初都是單醣構成的長鏈分子，例如纖維素及其他相關的分子。因此，醣類以「燃料的基本成分」之姿重新崛起，成爲驅使文明進步的動力。

二氧化碳

日光

葡萄糖

水

氧

◀

植物為自己製造醣類（並把多餘的儲存起來），動物吃了植物或草食動物，
細菌又分解動物。醣分子就這樣在不同的生物間滲透。

葡萄糖 —— 生命的主要醣類，經過細胞
分解（代謝作用）之後，做成各種生命
必需的分子。

能量

訊息

物質

每年陸地植物與海洋植物所製
造的葡萄糖可以填滿一列蜿蜒
了 5 千萬公里長的運貨火車。

10. 生命週而復始的運作

訊息的迴路

生命是一個又一個的迴路。怎麼說呢？大多數的生物反應，即使是經過錯綜複雜的路徑，最後都會再繞回原點。血液的循環、心臟的跳動、神經系統的感應、月經的來潮、季節性的遷移、交配、產能與耗能、生生滅滅的世代交替，這一切的活動與反應都有重返起始點的特性。

「迴路」這種機制，可以馴服容易發生騷動的事件 —— 只要能量與原料充足，單方向的過程很容易如脫韁之馬，愈跑愈快，除非有什麼東西把它攔阻下來。

我們來看看帶有調速機的蒸汽引擎是如何運作的：當蒸汽壓上升時，引擎會轉得更快。調速機具有兩個旋轉柄，當軸心愈轉愈快，兩個旋轉柄會愈抬愈高，使蒸汽的含量逐漸減少，進而使引擎的運轉慢下來，調速機也跟著慢下來，這時，蒸汽的含量又漸漸增加，引擎又加速運轉。

如果我們把蒸汽的增減想成是訊息的進出，會發現訊息其實是繞著一個迴路流轉，並產生反方向的作用。這樣的系統會自我修正，因為組成的零件會自我調節。如果每個小環節都懂得何時減速、何時增速，則整個系統就能維持在穩定的狀態。

生物體內的各種迴路，不論是燃燒醣類所需的一系列蛋白質，或是生態系統中複雜的物質、能量交換，都可以看到類似蒸汽引擎那樣自我修正的機制。

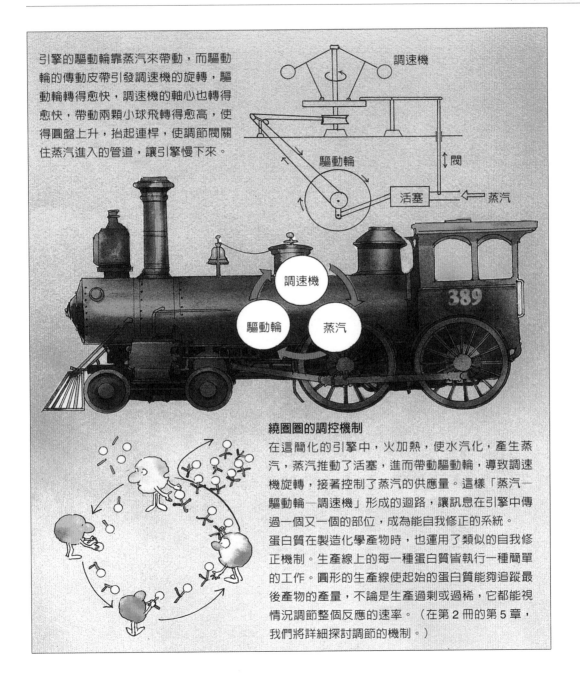

引擎的驅動輪靠蒸汽來帶動，而驅動輪的傳動皮帶引發調速機的旋轉，驅動輪轉得愈快，調速機的軸心也轉得愈快，帶動兩顆小球飛轉得愈高，使得圓盤上升，抬起連桿，使調節閥關住蒸汽進入的管道，讓引擎慢下來。

調速機

驅動輪

活塞

閥

蒸汽

調速機

驅動輪

蒸汽

389

繞圈圈的調控機制

在這簡化的引擎中，火加熱，使水汽化，產生蒸汽，蒸汽推動了活塞，進而帶動驅動輪，導致調速機旋轉，接著控制了蒸汽的供應量。這樣「蒸汽—驅動輪—調速機」形成的迴路，讓訊息在引擎中傳過一個又一個的部位，成為能自我修正的系統。

蛋白質在製造化學產物時，也運用了類似的自我修正機制。生產線上的每一種蛋白質皆執行一種簡單的工作。圓形的生產線使起始的蛋白質能夠追蹤最後產物的產量，不論是生產過剩或過稀，它都能視情況調節整個反應的速率。（在第 2 冊的第 5 章，我們將詳細探討調節的機制。）

　　現在我們知道訊息的流動是一個迴路，從起點到終點，又回到起點，途中可能做一些必要的修正與調整。當我們透過多重迴路的調控機制來檢視一些生物活動時，就會更了解分子究竟是如何組成懂得自我修正的複雜生物體了。

▲ 自我修正的策略

當貓頭鷹追蹤竄逃的老鼠時，可以把老鼠鋸齒形的奔跑路線，迅速轉化成自己的翅膀及尾翼的移動圖。貓頭鷹靠著不斷來回修正眼睛、腦、翅膀、尾翼，以及老鼠路徑之間的關係，順利逮捕到牠的晚餐。

11. 生命反覆利用它所使用的東西

物質的循環

人類真是一種獨特的動物！我們製造出一大堆沒有用的東西，給地球增添許多負擔。其實，在生物世界中，物質的「進」、「出」是維持在平衡的狀態，某甲的廢物可能成了某乙的食物或原料。好比說，一隻牛的糞便首先會被細菌分解，然後化入土壤中，成為蚯蚓的食物、或促進青草的生長，最後青草又被牛吃進去，完成物質的循環。又例如螃蟹需要鈣質來建構外殼，海水通常是牠們鈣質的來源。但陸生的螃蟹無法接觸到海水，因此牠們會趁換殼

在每一個循環中，植物和動物交換生產能量和基礎建材所需的化學物質。

每一代活著的生物都靠著先前世代所釋出的化學物質維生。

前，盡量從牠們自己的殼中汲取鈣質。寄居蟹則更省事，乾脆撿別人不要的殼搬進去住，等到身體變大，舊殼容納不下時，再去找一個新的。

　　從分子的層次來看，可以發現，一些重要的原子會在一連串的過程中游走於不同的分子間。某個反應的最終產物成了另一反應的起始物，如此環環相扣，把一個接一個的事件連結成圓圈。動植物間的一吸一吐，也是這樣的情形。植物行光合作用吐出來的「廢氣」——氧，恰成了動物呼吸所必需的要素；動物呼吸所排放出來的「廢氣」——二氧化碳，卻又成了植物汲汲吸入的東西，以製造葡萄糖等養料。我們若由整個生態系來看，這些物質間的交換是很和諧、順暢的運作著。生產與消耗之間、養分與廢物之間，並沒有什麼明顯的區別。

生命製造或使用的每一個分子……

……總是有一種酵素可以分解它。

12. 生命藉由汰舊換新來維持

組合─拆開─組合─拆開

大家來想想這個矛盾現象。為了生存，生命需要組裝各種零件，而「組裝」需要耗費許多能量。各種複雜的生物分子內，都存在著高能量的化學鍵，來維持分子的結構，但高能鍵卻不會永遠待在那裡，它們動不動就會瓦解、消散。如果一個系統在組成後，老

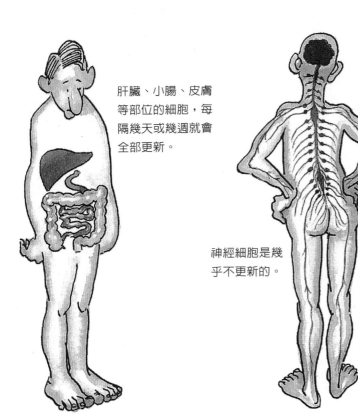

肝臟、小腸、皮膚
等部位的細胞，每
隔幾天或幾週就會
全部更新。

神經細胞是幾
乎不更新的。

◀

細胞的汰換
除了細胞內的分子會更新，整
個細胞也會更新，也就是死掉
的細胞會由新的細胞取代。

是這樣不穩定,是很難執行任務的,那麼它該如何避開被瓦解的命運呢?

　　生物體內早已想出一套高明的招數來解決這樣的難題。每天從早到晚 24 小時裡頭,我們體內不斷的分解功能完好的分子,然後又重新把它們組合起來。每天你的體內約有 7% 的分子被汰換掉,這表示體內所有的分子大約在兩週內會全部更新過。如此一來,你體內不會有分子逗留到自然消失。

　　這種汰換(更新)也提供生物頗多應變能力。環境的改變往往使生物需要切換到另一套蛋白質系統,新蛋白質可以利用被拆解的舊蛋白質來製造。

　　從汰舊換新中,我們可以體認到生命需要持續的灌注能量。生物體內就是經由不斷的建構與瓦解,擺動於井然有序與紛亂失序之間,來維持高訊息與高能量的狀態。

◀ **蛋白質小機器人**
要讓體內的系統維持在高度組
織化的狀態,需要不斷的建構
及拆解它的組成。

13. 生命傾向最適狀態，而非最大狀態

比較少，比較好

「最適化」意味著達到最恰當的量，也就是採中庸之道，不多也不少。血糖含量過多或過少都會致命；人人都需要鈣和鐵，但若過量，便會產生毒性。「最適化」是一個通則，從礦物質、維生素及其他營養物質的攝取，到運動、睡眠等活動都適用。

從分子的層級來看，生命藉著操控精巧的傳訊系統及管理系統來維持最適合的狀態。有些蛋白質能夠精確的調節重要化學物質的濃度，在到達最適量時關閉反應，並在濃度下降到低於基本含量時，又啟動反應。

從個體的層級來看，「最適化」可以比喻成：許多因子與數值間精心交織成的舞蹈表演。拿鹿角來說吧，它需要考量堅硬度、耐震、重量、生長力（鹿角每年都會再生）等因子，才能決定出最適合的狀態。其中任一因子的改變都可能影響到其他因子。或許提高礦物質的含量，可以讓鹿角更堅硬，但這也可能導致鹿角過重或無法快速生長。因此，把任一個因子放大到最大值，都可能降低整個系統的可塑性，使生物體無法適應有害的環境變化。

最大化導致滅絕？ ▶
愛爾蘭紅鹿（圖右上方）的鹿角生長姿態十分怪異，兩支鹿角皆面朝前方，且體積過度龐大，寬度達 3.6 公尺，這很可能是為了吸引雌鹿，而非用來打鬥。不過在面臨環境巨大的變遷時，例如森林生長過度茂密，「過大」的鹿角恐怕就是促成牠們滅種的原因。

　　我們可以把「最大化」視爲某種形式的成癮，就像沉溺於菸、酒、毒品一樣，情況愈來愈嚴重。偶爾經過數代後，某種生物可能從「最適化」轉向「最大化」，從「適應」轉爲「成癮」。我們以孔雀尾巴爲例，說明單一可變特徵最大化的情況。母孔雀若選擇了展現最華麗尾羽的公孔雀來交配，下一代的孔雀會出現更高比例的「長尾」基因。若持續這樣進展下去，雀尾的平均大小會逐代增大，最後達到身體能夠承受的極限。尾巴跟身體的比例只能大到某個程度，不然就會妨礙孔雀四處走動的能力。同樣的，紅木的高度長到某個極限就會開始搖搖欲墜；海象的獠牙只能長到某個長度，才不會讓頸部肌肉過度緊繃。

　　有時候，環境突然發生變動，讓那些過度最大化的生物陷入困境，導致滅絕。更常見的情況是，當最大化的代價變高，該物種就會開始自我修正。長尾孔雀可能跑不快或不容易藏身，由於這些孔雀更容易遭到掠食者的攻擊，短尾競爭對手便再度取得生存優勢。生命不斷趨向最適平衡，這正說明了大自然的基本法則：擁有太多好東西，不見得是好事。

　　不過有一件事，生命倒是盡其所能的發揮到最大值。每種生物都有它最根本的目的：把遺傳訊息傳給下一代。就這點來說，生物所有功能的「最適化」都是鎖定一個「最大化」的終極目標，那就是把 DNA 一代一代的繁衍下去。

14. 生命是機會主義者

就地取材，不用白不用

森林裡有一 正在腐爛的樹，你可能以為它的生命就這樣走向終點，其實它正為一個充滿爆發性的新舞台做準備呢！這棵死掉的樹將展現遠比活著時還喧騰、繽紛的生命力。

首先，苔蘚和地衣會先在腐爛的樹表落腳，接著，巨山蟻、甲蟲、蟎類展開一連串的入侵行動，在腐木中開鑿通道，為後來的真菌、植物的根，以及各種微生物鋪路。這些生物又成了植食性昆蟲的食物，然後蜘蛛再來捕食這些昆蟲。當鼴鼠、地鼠挖掘腐軟的木質，以覓食新長出來的蘑菇、松露時，小樹苗及灌木的根恰可伺機占領逐漸堆積起來的腐植土。

這 「活著」的死樹不僅說明了生命的韌性，也揭示了生命的一個通則：就地取材，從周遭撿現成的東西來將就使用。正因為這個特性，讓生命即使在最嚴酷的環境，都能生生不息。

在非洲的納米比沙漠中，地表溫度高達攝氏 66 度，而且可能一連三、四年都未曾下雨。這種地方幾乎沒什麼植物能存活，然而在光禿禿的沙地下面，卻住著各式各樣的昆蟲、蜘蛛和爬蟲類，甚至有一兩種哺乳類。在沙漠中，小動物從微量的霧氣中汲取水分，從飛沙走石中挾帶的動植物殘屑獲取養分，而較大型的動物則捕食這些小動物。

在北極的冰層中，存活長達 100 年的地衣生長在攝氏零下 24 度的環境中。一些南極的魚類血液中含有天然抗凍劑，使牠們能活躍於別種動物無法存活的地方。管蟲生活在 2,500 公尺深的陰暗海

▲**對火產生適應**
山地松毬果中的樹脂讓鱗片無法打開。森林大火不僅可以融化樹脂，讓毬果裡的種子散逸出來，也帶來肥沃的灰燼，讓種子可以生根發芽成小樹苗。

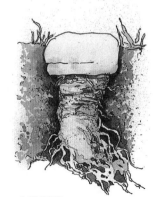

▲**自我埋藏**
為了避開嚴冬的冷風吹拂，龍舌蘭把自己全部縮進地表下面。

底，靠著海底火山噴口釋出的礦物質維生。細菌可說是全世界最優異的適應者，它們幾乎可以隨遇而安，從沸騰的硫磺溫泉到白蟻體內的強酸性腸道，到處都可發現它們的蹤跡。像這樣逆境求生的例子還有好多。

　　遺傳密碼加上蛋白質的結構與功能，造就了生物如此驚人的應變力與可塑性。看來，生命可說是機會主義者，它不會坐著等待情勢好轉，它會去適應既有的環境，善加利用周遭唾手可得的資源。

朝黑暗生長 ▶
為了找一棵可以攀附的樹，龜背芋首先得在黑暗中摸索，一旦覓得可以倚靠的樹幹，它便更換策略，開始朝向陽光生長。

◀ 性的邀約
蜂蘭會利用特殊的氣味、奇特的花瓣及毛絨絨的構造，引誘雄蜂前來交配，當雄蜂離開時，身上沾著花粉，前往下一朵吸引牠的蜂蘭。

中空的葉子 ▶
水滴凝聚在豬籠草葉子的內側，直接傳送給根部，因為暴露在空氣中的根部需要保持潮溼。

◀ 有生命的石頭
生石花這類植物看起來就像石頭，這樣的外觀幫助它們躲開掠食的動物。

◀ 腐肉般的花朵
大王花散發出腐臭氣味，吸引蒼蠅為它傳粉。

15. 生命在互助的基準下彼此競爭

「相安無事」的策略

1. 每一種生物都是為自己的利益著想。

2. 生物世界透過互助合作來運轉。

乍看之下，上面這兩條陳述似乎相互矛盾，其實並沒有。生物是自利的，但並不會自毀。自私的行為擴展到極致，往往要付出慘痛的代價。群體中經常逞能好鬥的強勢個體，可能要承擔流血與受傷的後果；寄生蟲若把寄主殺死，它自己也難逃走投無路的命運。這些自我摧毀的行為通常會在演化過程中被剔除，因此到頭來，每種生物都能夠採行某種形式的「和平共存」。

掠食者吃獵物看起來可不像「和平共存」，但其實掠食者捕捉到的是獵物族群中體弱多病的個體，留下其他跑得快、身強體壯的

從掠食到合作

粒線體像寄生蟲般，入侵比它大的細菌。

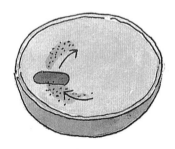

經過好幾個世代後，入侵者與寄主開始分享代謝的產物。

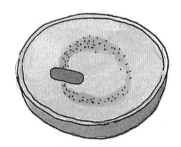

再經過好幾世代後，它們變成彼此需要、密不可分了。

個體繼續存活及繁衍。從個體的層級來看，個體間似乎是互相競爭的，就群體的層級來看，又好像是互相合作的。（當然，我們並不是說生物通常懂得「思考」群體的利益。）

　　動植物世界裡演化出來的「掠食—犧牲」關係，在細菌世界裡的情況就不太一樣了。葉綠體和粒線體（前者是植物製造葡萄糖的機器，後者是動物燃燒葡萄糖的機器）的祖先最初是像小型的掠食者那樣，侵入較大型的細菌中，剝削它們的細菌寄主，但未造成破壞。這種「有節制」的掠食行為是演化過程中一再上演的主題，我們也從中看見生物互相合作的契機。經過一段時日，寄主發展出對入侵者的容忍度，且彼此開始能夠分享對方的代謝產物，最後兩者儼然成為正式的共生者，也就是彼此的存活都離不開對方，這種漸進式的合作為更高等的生命形式揭開序幕。

　　生物共生現象帶給我們的啟示就誠如生物學家湯瑪士所言：在這世界上，並非「好人終究會出頭」，而是「好人活得較長久」。

湯瑪士（Lewis Thomas, 1913-1993），美國醫學教授，知名科學作家。湯瑪士這句話出自他生前最後的力作《一個細胞的告白》（*The Fragile Species*）。

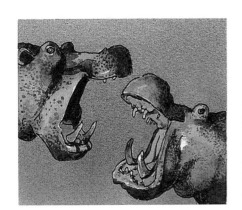

◀ **儀式化的攻擊**
動物為了建立優勢地位，會彼此競爭。這種爭奪很少造成流血傷害，通常只是一種象徵的示威。這也可以看成互助的行為。

◀ 非競爭者
這些水鳥看似肩並肩的覓食，其實牠們可是各吃各的呢！每一種鳥都有牠們獨特的喙，所以吃的食物也不盡相同。不過，看牠們各自擁有自己特定的區位，足以證明大自然對於「和平共存」的渴求。

16. 生命彼此相關、彼此依存

密切互動的網路

要不是靠著牠們自己分泌的石灰質杯狀物（即鈣質的外鞘），生得豆子般大小、又有點像迷你小花的珊瑚蟲，還真叫人看不出牠們的存在呢。珊瑚蟲一邊繁殖，一邊繼續分泌杯狀物，日積月累，漸漸的形成碩大無朋的複合式「公寓」——珊瑚礁，這是地球上有生命物質所組成的最大結構物。

珊瑚礁裡除了有群聚的珊瑚蟲，還可發現粉紅藻塞在縫隙中生長，它們會分泌石灰質來黏合破損或鬆脫的珊瑚礁。另外，海龜草、海扇、海綿、軟體動物都會附著在珊瑚礁表面。鯙科魚類（俗稱海鰻）居住在黑暗的裂縫中，海星游過來吃珊瑚蟲，法螺又把海星吃掉。上百種魚類穿梭於珊瑚礁中，當然，章魚、蝦、蟹、海膽也都在其中。這些植食的、肉食的生物聚集在一起，自然而然的衍生出各種競爭與合作的關係。

▶
珊瑚蟲的細胞內住著微小藻類。這些藻類會促進珊瑚蟲的生長，而它們交換到的利益是，從珊瑚蟲那裡獲得二氧化碳及養分。

鸚哥魚在吃海藻時，
會順便吃進一點珊瑚礁，
然後再分泌出鈣質的細沙粒。
一隻鸚哥魚每年可以生產 13 公斤的細沙，
是形成沙灘時重要的沙粒來源。

海蛞蝓全身光溜溜又「手無寸鐵」，
不過牠們靠著吃進有毒的海葵、
並把毒素儲存在棘刺中，
來保護自己。

粉紅藻把珊瑚礁當作安全的棲身所，
但它們也會分泌石灰質「黏膠」，對於
維持及鞏固珊瑚礁的結構頗有貢獻。

螃蟹歡迎海綿生長在牠們的背上，
如果牠們身上的海綿長得好，
可以保護螃蟹避開章魚的捕食。

清道夫魚
可以安然無恙的進出
大魚的鰓和嘴巴，幫助
牠們清除寄生蟲。

在海鞘類似腎臟的器官裡
有一種微小生物叫腎菌（nephromyces）
腎菌裡又住著一種特殊的細菌，
這兩種菌可以幫助海鞘循環利用氮。

　　雀鯛優游於海葵伸出的有毒觸鬚之間；螃蟹歡迎海綿長在牠們背上，好避開章魚的捕食；清道夫魚和蝦類安然的進出大型掠食魚的鰓或嘴巴，幫牠們剔除寄生蟲；藻類大方的定居在珊瑚細胞裡；海綿提供上千種微小生物藏身所。

　　我們不妨把珊瑚礁想成一個層次豐富、且經過協調統合的系統，裡面的每一種生物之間都存在著密切的關係。譬如說，珊瑚蟲的存亡維繫著礁鯊的存亡，即使這兩種生物互不打交道，甚至沒發現彼此的存在。重要的是謀生與適應環境的策略，這才是生存及演化關注的事情。假使任一種生物成功的改變了生存策略，都將在珊瑚礁群集中激起一陣調適的騷動。這就是所謂的「共同演化」，也是在地球上有生命的地方運作著的創造力。

名詞解釋

小花　flore　構成頭狀花序（如菊花的花序）的每一小花朵稱爲小花，最後會產生種子。

共生　symbiosis　兩種不同生物彼此一起共同生活，建立互利的關係（有些則是單方受益，但不影響另一方）。

珊瑚蟲　coral polyp　即珊瑚的單位個體，主要行無性的出芽生殖。它們的群體就是我們常見的珊瑚。

區位　niche　特定物種所占據的位置或地位。區位可以指該種生物在群集（community）中的實際棲所，或該種生物在群集中發揮的功能。

費布納西數列　Fibonacci sequence　十三世紀數學家費布納西發明的一種無窮數列，定義爲第一、二項皆等於 1，以後每項等於前面兩項之和。因此費布納西數列最初幾項爲 1、1、2、3、5、8、13、21、34……，這個數列與許多數學結構及自然現象有密切關係。請參閱《大自然的數學遊戲》及《生物世界的數學遊戲》二書。

植物、動物及微生物編織成一張超大型的地毯，鋪蓋在地球表面。這張地毯需要不斷的接收太陽供應的能量，以維持它的健全與完好；毯子最後則以散熱的方式，把能量再釋放出來。

第 2 章

能 量

——點燃生命的火花

　　在我們生活的每一天，有無數個光子從太陽輻射出來，在太空中穿越了 1 億 5 千萬公里之後，抵達地球。陽光的能量到了地球上轉化成熱能，激活了空氣中、水中，及沙石中的分子。生命懂得汲取光能，化作生長、移動、繁殖等所需的結構，才能在地球上演化興旺。說得更精確一點，生命之所以能繁盛，是因為它們有辦法利用光能製造出高能分子，進而利用高能分子的能量把簡單的分子結合成各種複雜的長鏈分子。

　　形成長鏈分子，是非常重大的一步。長鏈分子是穩定的序列，由小單元組成特定的順序，可以隱含訊息。生命必需的各種「構想」就儲存在這些訊息長鏈中，而這過程依賴陽光不斷轉化成熱能才能達成。你不妨這樣想一想，地球上所有的動植物都是由一大堆「以光能為『強力膠』結合成的分子」所組裝出來的東西。

　　本章內容分成兩半，前半段我們將檢視生命的基礎化學，介紹一些主角分子，並把生命間的能量轉移過程做一個綜觀。後半段（從第 124 頁起）將一步一步的展示生物如何捕獲、儲存及消耗能量。

形成鍵結

有時，強力的碰撞會讓
原子鍵結成分子……

在紛擾中相撞

　　想像你來到人群紛沓的紐約中央車站，往來的乘客行色匆匆，每個人都急急忙忙奔向自己的目的地。這時，擦撞、碰撞勢必難免。假設，這些乘客中有人撞得太用力，竟從此黏在一塊兒！

　　現在，把這些人想成是一個個的原子，它們也是經常彼此互撞。只要原子與原子撞擊的位置正確、力道也夠，就能形成一個化學鍵，分子於焉誕生。這樣的化學反應時時刻刻在我們的周遭及體內進行著。

……理論上，連續的碰撞可能形成一長鏈的分子。

原子如何黏在一塊兒？

　　咱們往前邁一步，更仔細的來瞧瞧原子這東西。一個原子包含一個帶正電的原子核，原子核中有帶正電的質子及不帶電的中子，核外則有精力充沛、移動快速，且帶負電的電子旋轉著。當兩個原子相撞時，在軌域上運行的電子會和對方的電子產生排斥，把兩個原子彼此推開。然而原子在空間中衝撞時，它們本身即擁有動能，如果兩個相撞原子的動能夠大的話，將能克服電子的排斥力，產生化學反應，造成電子的重組及原子的結合。結合的兩原子有一部分的電子會彼此共用，形成所謂的「共價鍵」，這是一種很強的鍵結，生物中幾種重要的原子：碳、氫、氧、氮、磷，就是靠這種鍵結形成簡單的分子以及長鏈分子。

　　鍵結需要能量，但它本身也是能量的儲存庫。這種能量就像燃料一樣，可以驅動細胞內的各種活動，使生命能夠移動、生長，以及繁殖。

對每個原子來說，原子核內帶正電的質子數量，與帶負電、且繞著原子核旋轉的電子數量相同；因此，整個原子可說是電中性的。每一種原子，核內的質子數都不同，所以核外的軌域上便有足以相配的電子數，這也說明了每個原子的大小及重量都不同。氧原子含有 8 個質子，碳有 6 個，氫只有 1 個。宇宙中已知的原子超過 100 種，生物中常見的僅 20 種左右。

1.

原子是由帶負電的電子繞著帶正電的原子核所構成的。

2.

當兩個原子相撞時，通常會彼此彈開，因為帶負電的電子會互相排斥。

3.

如果碰撞的力道夠強，電子會出現重組及共用的情形⋯⋯

4.

共用的電子有時繞著這個原子核轉，有時繞著另一個原子核轉，這就是所謂的「共價鍵」。原子結合後，形成一個分子。

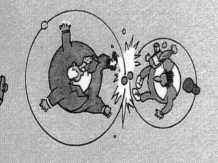 

共價鍵的另一種表示法：兩個電子軌域，或兩個「殼層」相黏在一起。

分子的改變

有時，強力的碰撞會把鍵結打斷。

打斷鍵結

　　再回到紐約中央車站，現在，車站的大廳中都是先前因爲撞擊過猛而黏在一塊兒的人，好比一個個的分子。這些黏在一起的人還是急急忙忙的要趕往自己的火車，所以他們還是跌跌撞撞的，老是去撞到另一團黏在一塊的人。一旦這種相撞超過一般的力量，而且角度正確，將會把黏在一起的人撞開，這就好比分子的鍵結被打斷。鍵結一斷，原本共用的電子各自回到它所屬原子的原始軌域上，鍵結中的能量以熱的形式釋出。

　　細胞要能夠打斷鍵結，才能把分子重組成各種形式，或是把已經不用的分子處理掉。

能量以熱的形式釋出。

能量的轉移

生命之所以存在，是多虧了千變萬化的分子組合。僅用碳、氫、氧、氮、磷、硫等原子，生命便可以製造出一切所需的簡單分子，及幾乎無限種的巨型長鏈分子。

有些分子的共價鍵中蘊藏著豐富的能量，當這些高能的共價鍵斷裂時，其中的能量可以轉移到其他分子中，而未必是以熱的形式消失掉。也就是原來的能量重新保存在這個高能分子與新分子所形成的鍵結中。

細胞的重要活動，像是建構物質或移動，都需要蛋白質這種大型分子來執行，它們就像細胞內的工人，負責管理能量的轉移。不論是小鳥揮動翅膀、楓樹探出新枝、或蚌類打開蚌殼，都會發生鍵能的轉移。事實上，細胞內進行的一切反應都是綜合了鍵結的斷裂、形成與轉移的結果。

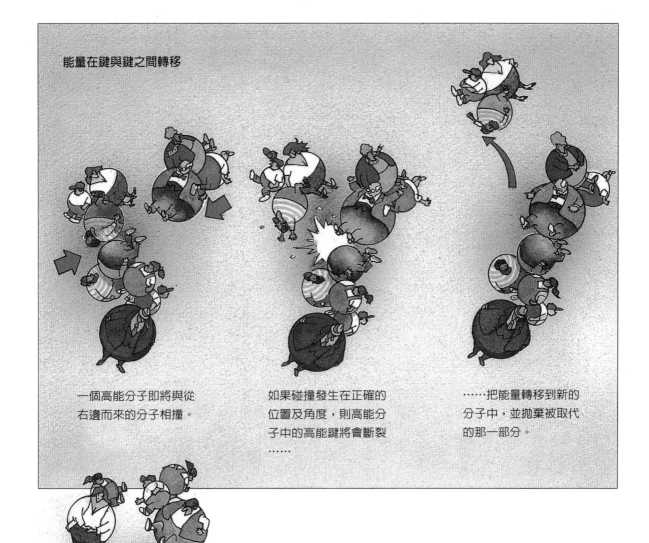

能量在鍵與鍵之間轉移

一個高能分子即將與從右邊而來的分子相撞。

如果碰撞發生在正確的位置及角度，則高能分子中的高能鍵將會斷裂⋯⋯

⋯⋯把能量轉移到新的分子中，並拋棄被取代的那一部分。

生命與能量定律

逆流而上

　　真不可思議！所有生命的化學反應，或者應該說宇宙中所有的能量與物質，竟都遵守熱力學的兩大定律。第一定律說，在化學反應中，能量可以在不同的形式間轉換，但它不會無中生有，也不會無故消失。能量的進出始終維持在平衡狀態。第二定律說，能量無可避免的會消散，也就是從較有利用價值的形式，例如光子或鍵結，轉變成較無價值的形式，像是「熱」。能量消散的傾向，以及物質從有序傾向無序的現象，就叫做「熵」，物理學家指出，宇宙的熵一直在增加中。

我最好
有條理一點！

　　這種說法倒是引來一個謎題。如果宇宙的能量一直在消散中，且所有的物質一直在瓦解中，那爲何生命卻是朝相反方向進行？這眞是太矛盾了！當能量不斷的消散，生命卻似乎愈來愈有條理、愈來愈複雜。怪哉，能量拚命的往下坡跑，生命卻持續的往上坡走，怎麼會有這種事呢？

　　想要解開這個謎，我們首先得了解一個基本的事實：生命從來不會違反、凌駕、或躲避自然的根本定律，它只是懂得尋求各種管道來善用這些定律，好爲自己謀取利益。

整齊有序……

紊亂無序……

一切的東西都傾向從有序到無序。

說來奇怪，宇宙間的物質與能量都朝下坡走，也就是傾向瓦解與消散，但生命卻朝上坡走，也就是傾向聚集與整合。然而，我們只要想想在生物系統裡訊息逐漸建立秩序的情況，就能解開這個明顯的矛盾。能量的確會消散，但訊息卻會累積，如接下來幾頁所述。

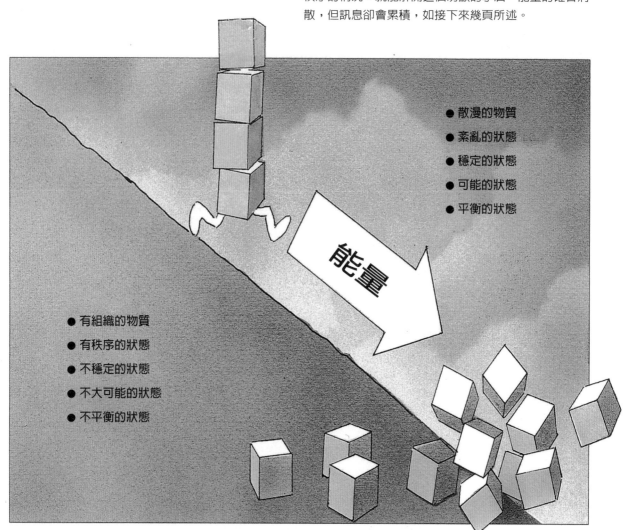

● 散漫的物質

● 紊亂的狀態

● 穩定的狀態

● 可能的狀態

● 平衡的狀態

能量

● 有組織的物質

● 有秩序的狀態

● 不穩定的狀態

● 不大可能的狀態

● 不平衡的狀態

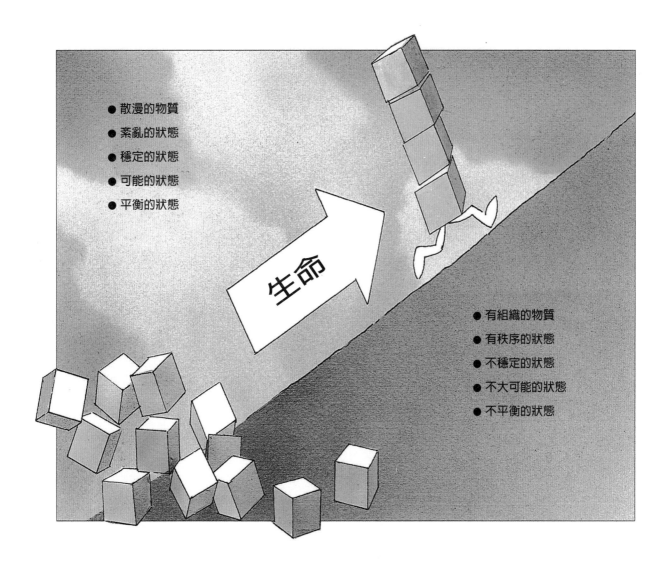

● 散漫的物質

● 紊亂的狀態

● 穩定的狀態

● 可能的狀態

● 平衡的狀態

生命

● 有組織的物質

● 有秩序的狀態

● 不穩定的狀態

● 不大可能的狀態

● 不平衡的狀態

熱力學第二定律帶來的好消息

來看看地球這個太陽系的幸運兒。地球運行的軌道離太陽夠近，可以充分利用太陽源源不絕、穩定釋出的能量，但又不致變得過熱而妨礙了穩定化學鍵的形成。誠如熱力學第二定律所描述的，就是因為能量持續流動，不斷有化學鍵形成、斷裂與能量轉移，地球才得以維持在舒適但充滿能量的狀態。能量朝向高亂度發散時，反應與變化伴隨發生。太陽的光與熱流向地球，接著又消散在寂靜冰冷的外太空中，那裡的溫度將近攝氏零下 273 度，即科學家說的「絕對零度」。在絕對零度的環境下，一切都沒戲唱了：一切靜止不動，東西都沒有方向，連時間也中止了。

現在，我們來仔細瞧瞧熱力學第二定律如何幫助鍵結的形成。每當細胞內的分子要合成一個新的鍵結時，它所需要的能量有一部分確實儲存進鍵結中，有一部分則以熱的形式消散到四周。換句話說，真正儲存在鍵結中的能量比形成過程中所消耗的還少，多餘的能量，根據熱力學第二定律，早已消散掉了。乍看之下，你可能覺得是浪費能量，但其實這是有好處的。我們可以這樣想：如果那些多餘的能量沒有消散，而仍逗留在鍵結的附近，很可能會發生能量逆流，引起逆向反應，讓鍵結又被拆開。所以多餘能量（即熱能）的散失，可確保已形成的鍵結不再分開，讓反應呈單方向進行。原子間形成的鍵結會創造出訊息（DNA），訊息進而帶來秩序。因此當能量向下流動，訊息累積，複雜度便開始如雪球般不斷增加。

因此，熱力學第二定律並沒有威脅到生命的存在，相反的，它擔保了：（1）太陽的能量源源不絕的傳送到地球上，讓生命轉化成可利用的形式；（2）形成穩定的分子，用以建構生命所需的一切物質；（3）合成安定的訊息長鏈（請見第 2 冊第 4 章）。生命逆勢向

上走，是一種具有高度創意的過程，需要能量和訊息來驅動，憑藉
的是分子層次上不斷修復與再造的頑強特質。如同第 104、105 頁圖
中建築沙堡的螃蟹。

形成鍵結時所耗費的能量，
有一部分以熱的形式散逸了。

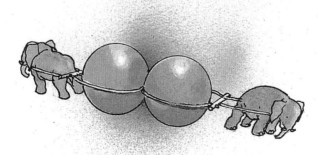

能量散逸，不再逗留於鍵結附
近，這樣可以確保鍵結穩定，
以供應生命的建構。打斷鍵結
所需的能量，至少要與形成鍵
結時所花的能量相同。

沙雕城堡的比喻

▶

沙雕城堡是一個活生生的例子,可用來說明「熵」的效應。不可避免的,海浪會逐漸沖蝕沙堡,讓沙堡最後又回歸無序的沙粒。

▶

無生命的世界裡,消散的東西會一直維持在消散狀態。

◀

生命既不會智取，也不會規避熱力學第二定律，它懂得抵抗消散的趨勢。我們誇張的假設，每一波海浪都會帶來一群螃蟹，這些螃蟹會拚命修補沙堡，讓它在下一次海浪來臨之前，完全恢復原樣。

◀

當然，螃蟹不會真的這樣做，不過在生物系統中，蛋白質正是執行這樣的再造工作，蛋白質活動所需的能量經由光能轉化在高能鍵中。在生物世界中，消散的東西通常會再重建起來。

能量轉移與平衡狀態

生命好比一個充滿各式各樣化學反應的大袋子。

想像你自己縮到像一個細胞那麼小，並且可以目睹化學反應的進行。你看見有一個細胞正準備把較小的分子兜成較大的分子。在化學反應中，參與反應的分子（或原子）叫做「反應物」，產生的分子則叫做「產物」。

當我們說到化學反應時，通常指的是有好幾百萬的化學分子在有限空間中不斷彼此衝撞，分子數量愈多，好比中央車站的人愈多，相撞的機會愈大，分子重組也就愈可能發生。

一個化學反應一開始只有反應物，沒有任何產物。但只消幾秒，數百萬的反應物都轉變成產物了。在產物逐漸增加時，反應會開始變慢，最後當反應物與產物中所儲存的能量達到平衡時，產物就不再增加了，然而，這些原子間的碰撞並未停止。分子的碰撞繼續把反應物轉變成產物，產物也以同樣的碰撞次數轉變成反應物。當正向反應中的能量轉移與逆向反應相等時，整個反應便不會再有任何的變化了，這就是所謂的「平衡」狀態。（第 108 ～ 109 頁圖中兩隻被跳蚤咬的小狗，可以說明化學平衡的原理。）

一般來說，生命並不喜歡讓化學反應維持在平衡狀態，因為那是細胞休眠或死亡時的狀態。活著的細胞不斷的加入反應物以及移除產物，靠著這種遠離平衡的狀態，來維持本身的活躍。

一開始，奶精分子與咖啡分子是分開的（請看杯子的剖面）。

◀ **無須再攪拌奶精**

奶精在咖啡中擴散的現象，正可說明熱力學第二定律。一旦奶精分子完全擴散開來，它們就一直維持這樣的狀態，奶精再浮回咖啡表面的機率微乎其微。儘管奶精分子持續移動、相撞，它們依然保持均勻的分布。

隨機的移動與碰撞，讓奶精開始擴散。

一段時間後，奶精分子會均勻散布在咖啡中。

小狗如何傳染身上的跳蚤？

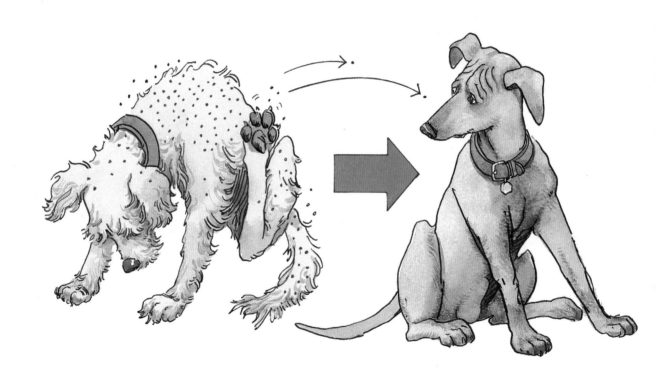

假設每隻跳蚤會以同樣的速率從一隻小狗跳到另一隻小狗身上。如果一開始所有的跳蚤都集中在左邊這隻小狗身上，則整體的跳蚤流向是由左向右跑。

經過一段時間後，跳蚤的數量會平均分攤在兩隻狗身上，即使跳蚤依然持續在兩隻狗之間跳來跳去，但小狗身上仍保有數量相等的跳蚤。這就是平衡狀態。如果想控制跳蚤從左流向右，你可以在左邊這隻狗身上多加一些跳蚤，或從右邊那隻狗身上移除一些跳蚤。

ATP——生命的能量分子

細胞的能量貨幣

所有的細胞都需要能量的輸入，來從事各項工作並產生熱能，因此生命需要一種通用的高能分子來做為能量的「捐贈者」。生物已演化出一種正合所需的分子：ATP（腺苷三磷酸）。每個 ATP 分子有 3 個相連的磷酸，在第一個磷酸與第二個磷酸之間，以及第二個磷酸與第三個磷酸之間，都蘊藏著高能量，用以製造生命所需的各種鍵結（還會殘餘一些能量）。

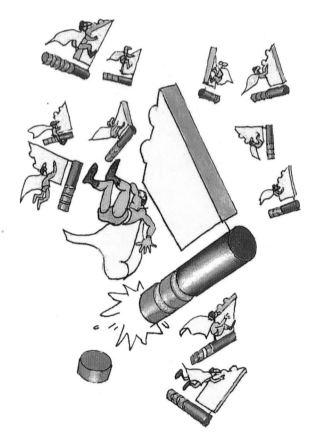

從前面的內容，我們已經了解，能量藉由在不同分子的鍵結中轉移，而能夠在不同的生命之間川流。當生命需要能量時，它會打斷磷酸鍵，就像「啪」一聲的把塑膠製的珠珠項鍊拗斷那樣，釋出裡面的能量。ATP 以這種方式到處被「消費」，也難怪它叫作細胞內的「能量貨幣」。

生命需要大量的 ATP 來進行各種反應，每個細胞內隨時都有 10 億個 ATP 分子待命著。每 2 到 3 分鐘，這 10 億個 ATP 裡含高能量的磷酸鍵就要汰舊換新一次，由此可知，細胞真是時時刻刻都需要能量，這也意味著，你每天循環利用了 1 公斤左右的 ATP！

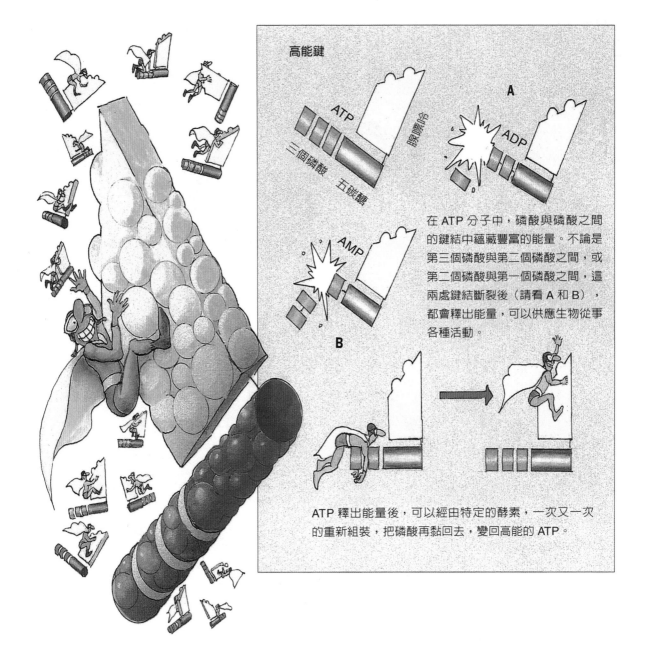

高能鍵

ATP
三個磷酸　五碳醣　腺嘌呤

A
ADP

AMP

B

在 ATP 分子中，磷酸與磷酸之間的鍵結中蘊藏豐富的能量。不論是第三個磷酸與第二個磷酸之間，或第二個磷酸與第一個磷酸之間，這兩處鍵結斷裂後（請看 A 和 B），都會釋出能量，可以供應生物從事各種活動。

ATP 釋出能量後，可以經由特定的酵素，一次又一次的重新組裝，把磷酸再黏回去，變回高能的 ATP。

多才多藝的玩家：ATP 的一些專長

1. 製造訊息長鏈，即 DNA 分子

   （請見第 191、192 頁）

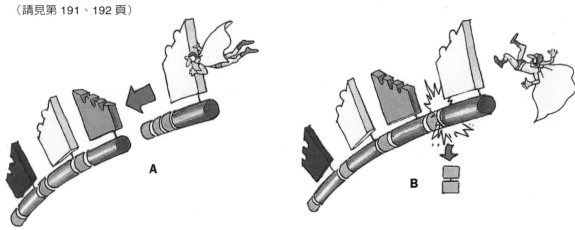

2. 引起蛋白質收縮，例如肌肉的伸展、收縮

   （請見第 2 冊第 4 章）

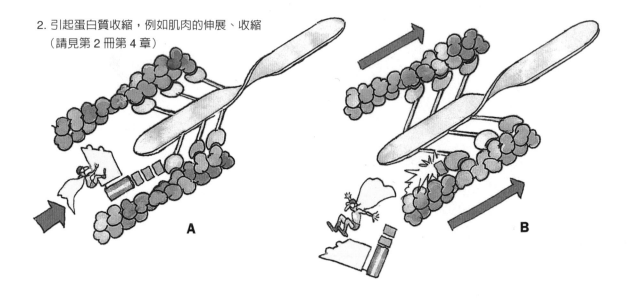

3. 運送小分子

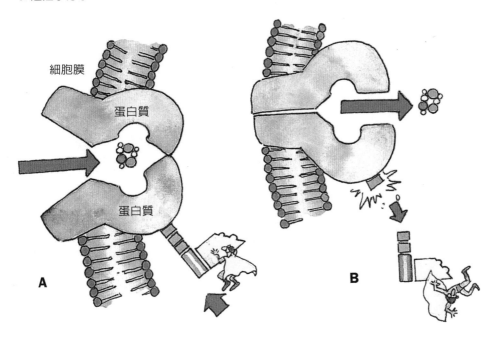

細胞膜

蛋白質

蛋白質

A

B

4. 其他的還包括：
　在光合作用中幫忙製造醣類（請見第 132 頁）
　以及讓分子形成鍵結（請見第 2 冊第 4 章）。

酵素 —— 生命的才藝高手

化學管絃樂團的指揮

生命的運作不能僅靠能量。我們前面看到的分子移動與碰撞，還不足以維持生命的複雜性。要讓生命持續運轉，光靠機率是不行的，它需要一套加速化學反應的辦法。

有什麼東西可以把化學分子擺在適當的位置，並促使分子進行反應呢？答案正是「酵素」。酵素是一種催化劑，它可以促進並加速化學反應的發生。每一個酵素的表面上都有若干個接合區，讓一些特定的分子恰好塞進去。一旦酵素抓穩這些特定的分子，它會與這些分子產生交互作用，迫使分子進行化學反應，酵素這樣的做法就好比一種輔助式的碰撞。

我們的細胞中有成千上萬種酵素，它們都是大型的分子，比它們所作用的分子還大上幾 倍、幾千倍。大部分的酵素都是蛋白質，它們由簡單的胺基酸長鏈扭曲、折疊成各式各樣的形狀，就像一個個外表粗糙、凹凸不平的馬鈴薯。

可別小看它們喔，酵素千變萬化的種類以及多才多藝的技能，是很驚人的呢！它們能夠催促其他分子進行反應、調節生產線的產量、讀取 DNA 的指示、接收及處理化學訊號等等。

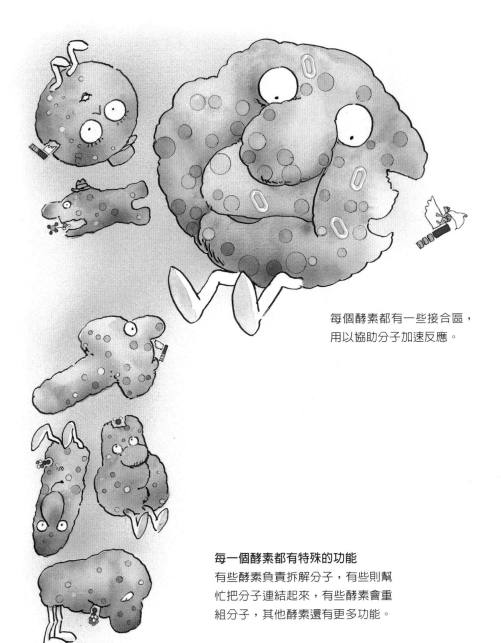

每個酵素都有一些接合區，
用以協助分子加速反應。

每一個酵素都有特殊的功能
有些酵素負責拆解分子，有些則幫
忙把分子連結起來，有些酵素會重
組分子，其他酵素還有更多功能。

酵素和 ATP —— 雙人舞最佳拍檔

生命如何撮合「相看兩厭」的分子

1. A 分子和 B 分子不斷的碰撞，但就是不會形成鍵結。它們彼此看對方不順眼。

2. 一個酵素把 A 分子連同一個 ATP 放進接合區。

3. 酵素小心翼翼的調整位置，把 ATP 的一個磷酸轉移給 A 分子。

4. 酵素拋棄剩餘的 ATP，讓它再重新補充磷酸，以便繼續提供能量。

一個酵素搭配一個 ATP，形成一組最佳拍檔，好比是細胞裡的蝙蝠俠與羅賓，共同促進生命的建構與移動。在此我們可以看到它們如何把兩個「不情願」的分子送作堆。

5. 接著，酵素把 B 分子放進鄰近的一個接合區。

6. 酵素再次小心的調整位置，把磷酸從 A 分子摘除，同時把能量轉移到 A 與 B 的鍵結中。

7. 現在，這兩個原本彼此看不順眼的分子互相結合在一起，使用過的磷酸則被剔除。

生物間的能量轉移──巨觀的角度

從植物到草食動物到肉食動物

能量會在個體與個體間轉移，更確切的說，能量由高往低、一層又一層的流過所有的生物。進入地球生物圈的所有能量最後都會再跑出來，以熱的形式散失到太空中。在這過程中，能量在不同的「消費者」階層中滲透（請參考右圖所隔成的 4 種區間）。

在第一層，綠色植物（以及光合細菌）捕捉日光中的能量，轉存在醣類這生命共同的營養物質的化學鍵中，這過程就叫光合作用。植物所製造的醣類，不僅自給自足，還能供應給其他的生物。草食性動物直接從植物那裡獲得醣類，肉食性生物則從草食性動物那裡獲取。第四群生物，也就是「分解者」（大多數是細菌和眞菌），藉由分解前面三群生物的排泄物及死屍來取得醣類。

這些生物會將所有其他生物的物質轉化爲可再利用的形式，讓植物再度吸收，藉此完成物質循環。分解者如果停止工作，地球上所有的生物很快就會消失了。

生物大部分的能量都在代謝的過程中消耗掉，所謂的「代謝」就是體內建構及瓦解物質的過程。生物體內保存在化學鍵中的能量，僅是流經該生物的能量的一小部分，大多數的能量都用掉了。因此，食物鏈中的能量關係其實比較類似倒金字塔形的結構，因爲下一層僅擷取從上一層來的部分能量。一平方英里的草原大約可以養活一百隻瞪羚，這差不多是一隻獅子維生所需的數量。所以算起來，每隻瞪羚吃掉所有青草的百分之一，而獅子的數量是瞪羚的百分之一。在一個能自力更生的系統中，獅子的數量絕不可能超過瞪羚，瞪羚的數量也絕不可能超過草原上的青草。

生產者

迄今，地球上占有最多生物量的生物，還是那些行光合作用的綠色植物、藻類、浮游生物及光合細菌。它們都是醣類的製造者，稱為自營生物。

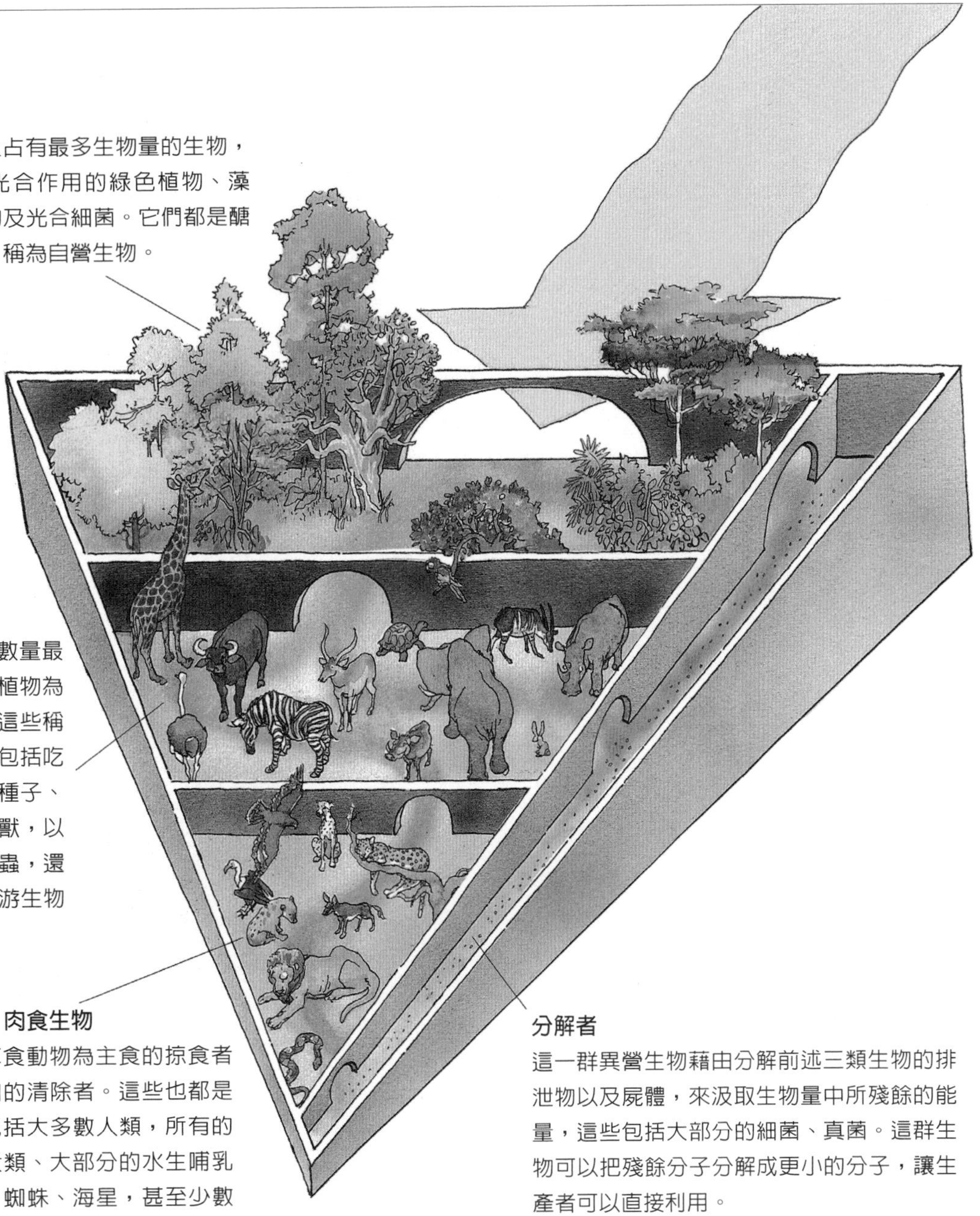

草食動物

動物世界中，數量最多的是那些以植物為主食的動物。這些稱為異營生物，包括吃青草、樹葉、種子、果實的飛禽走獸，以及大部分的昆蟲，還有海洋中吃浮游生物的動物。

肉食生物

這是一群以草食動物為主食的掠食者及吃動物腐肉的清除者。這些也都是異營生物，包括大多數人類，所有的貓科動物及犬類、大部分的水生哺乳類、爬蟲類、蜘蛛、海星，甚至少數的肉食植物，像是捕蠅草。

分解者

這一群異營生物藉由分解前述三類生物的排泄物以及屍體，來汲取生物量中所殘餘的能量，這些包括大部分的細菌、真菌。這群生物可以把殘餘分子分解成更小的分子，讓生產者可以直接利用。

　　看來，植物可說是生命的先驅者。（不過別忘了，細菌早在植物出現前就存在了）。只有在地球上的植物充分製造出醣類（以及氧氣，產醣過程的副產品）之後，包括人類在內的所有動物才能逐漸演化出來。其實，植物給了我們三大恩賜：（1）提供我們呼吸作用所需的燃料：醣類；（2）提供燃燒醣類所需的氧氣；（3）庇護我們免於被呼吸產生的二氧化碳「煮熟」。我們知道，動植物的呼吸以及人類的工業發展，排放出很多二氧化碳到大氣中，使熱氣無法從地表散逸。植物可以消耗大量的二氧化碳，防止地球溫度過高，讓我們倖免於過熱之苦。

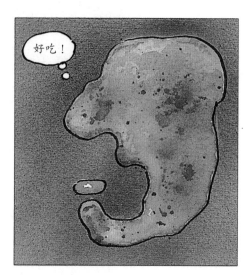

所有生物都需要太陽
不管在什麼階層，無法轉化太陽能量的生物就得依賴那些有辦法的生物。在這裡，你可以看到一隻變形蟲正在吃一隻光合細菌呢！

生物間的能量轉移 —— 微觀的角度

從製造醣類到燃燒醣類

在複雜的食物鏈中，能量在植物、動物及微生物的生物量之間川流不息。我們若從能量被捕獲、轉移及使用的層級著眼，會發現一個頗為簡單的模式。你也許不相信，整個動植物世界僅靠著細胞內兩種和細菌一般大的胞器，挑起一切產能與耗能的重責大任。

植物細胞的葉綠體經由光合作用，把太陽的能量儲存在醣類分子中；動植物細胞內都具有的粒線體則經由呼吸作用，分解（燃燒）醣類、產生 ATP。因此，能量實際上是以這樣的順序流經植物與動物：日光 → 醣類 → ATP → 熱能（消耗 ATP 會釋出熱）。

其實這個系統還漏了一個重要的步驟：你想想，葉綠體要製造醣類，它本身是不是得先製造 ATP，才能開始工作？因為它那負責製造醣類的酵素需要 ATP 供應能量。你也許會覺得奇怪，如果葉綠體會製造 ATP，那幹嘛還要製造醣類？原來醣類分子不僅提供能量，還是細胞內的基礎建材。我們在第 1 章提過，細胞能把醣類（葡萄糖）轉換成各種分子，用以製造胺基酸（進而合成蛋白質）以及核苷酸（進而合成 RNA 與 DNA）。

所以，如果我們追蹤生物間物質原料的流向，會發現一個不斷更新的循環，與能量的單一流向大不同：首先葉綠體攝取簡單的分子 —— 二氧化碳及水，生產出葡萄糖，並釋出氧氣；粒線體的方向恰好相反，它攝取氧氣及葡萄糖，產生二氧化碳及水。這兩種細胞內的作用相輔相成，形成完美的循環：從二氧化碳與水參與反應，到二氧化碳與水被釋出，一切難以想像的複雜過程盡在其中！

能量以單一方向在生物間流
動。

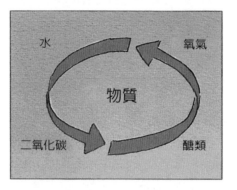

生命的分子在一個迴路中不
斷的循環著。

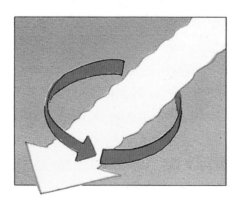

能量的單向流動加上物質的
循環不已,是讓生命持續運
轉的動力。

基本觀念

從微觀的層級來看，能量在生物間流動的情形如下：

植物細胞內的葉綠體捕捉日光中的能量，把它轉移到醣類分子的化學鍵中。

能量 + CO_2 + H_2O → 醣類 + H_2O

醣類是生物世界中可儲存也可轉運的燃料，而且是生命的基礎建材。

葉綠體

醣類

粒線體利用氧氣來燃燒
（也就是分解）醣類：

醣類 + O_2 → ATP + CO_2 + H_2O

製造出能量分子 ATP。

粒線體

ATP 把自己磷酸鍵結中的能量轉移到新分子中，藉此來驅動生命一切的運作。

使用過的 ATP 需要重新補充磷酸，才能再度利用。

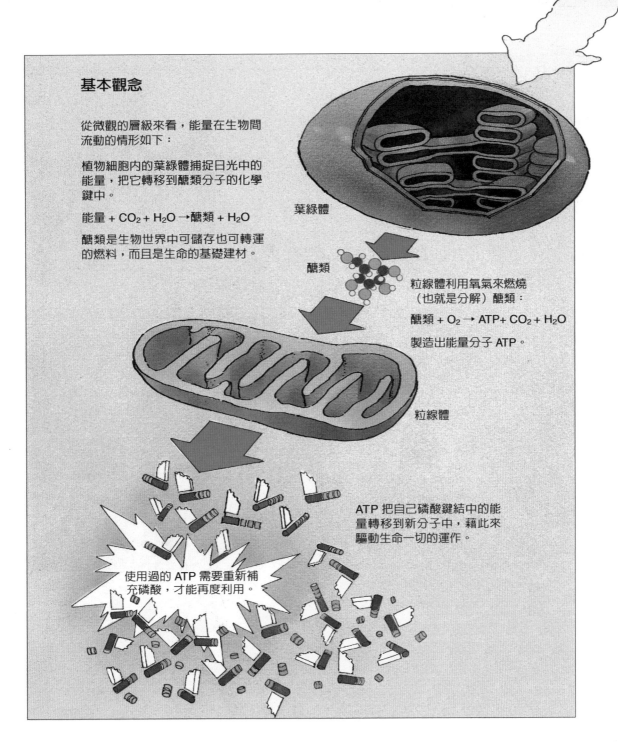

歡迎光臨葉綠體大舞廳

一個過度激發的
電子從一位舞者
身上飛出⋯⋯

⋯⋯傳給一位旁觀者

⋯⋯於是她也動起來

電子的彈跳

　　歡迎你來到葉綠體大舞廳，舞池上燈光閃爍，把全場照得繽紛絢麗。這時，樂隊奏起「葡萄糖吉魯巴」舞曲，旋轉燈開始轉動，場內的每一位舞者扭擺起來。忽然間，一位旁觀者被一位渾身是勁兒的舞者電到，跟著跳起舞來，接著又激發下一位旁觀者動起來。很快的，就像發生鏈式反應那樣，旁觀者一個接一個的舞動起來，把動感一個個的傳遞下去。

　　這些跳著吉魯巴雙人舞的分子，象徵著把日光中的能量轉換為化學能量（即 ATP）的最初過程。光能可以激發分子中的某些電子，把電子提升到能量較高的軌域（即高能階），這種高能的電子將從一個分子跳到另一個分子、再到另一個分子，形成電子傳遞鏈。然後，下一步是進行「拋甩氫離子」。

就這樣，旁觀者一個接一個的把動感傳遞下去。

拋甩氫離子

每一位被激發的女舞者（因為她們在電子傳遞的過程中獲得電子，所以帶負電）和她們的男伴（即失去電子而帶正電的氫離子，也就是質子）旋轉之後，會把他們轉交給一位特大號的保鑣，這保鑣會抓起她們的男伴，一個個拋甩進交誼廳內。交誼廳內的男舞者愈聚愈多後，大家愈來愈想往外逃。他們只能經由一道旋轉門跑出去，並在離開的同時，觸動機器，製造出新的 ATP 分子。

1. 女舞者（電子載體）排成一列，準備和她們配對的男伴（氫離子）跳舞。異性相吸嘛！

2. 超級保鑣（蛋白質）抓起從身邊經過的男舞伴，拋進交誼廳（葉綠體中的類囊體）。女舞者跳累了，回去休息了。

3. 交誼廳內的男舞伴愈聚愈多，大家都拚命想逃離擁擠的房間。（還記得熱力學第二定律吧！）

氫離子

氫 ⬤ 是最小的原子，它很容易失去唯一的電子○，成為帶正電的氫離子 ⬤。

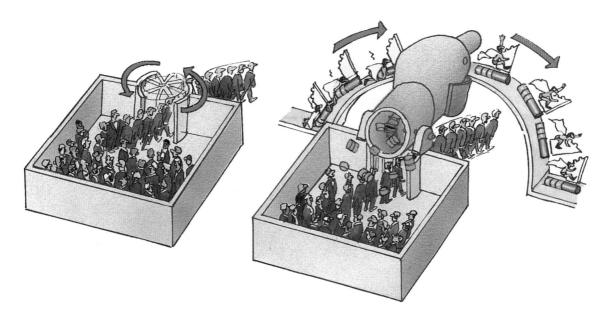

4. 唯一的出口是一個旋轉門（酵素），在通過時，門會跟著旋轉⋯⋯

5. ⋯⋯同時啟動了一台機器（蛋白質），把 APD 重新黏上一個磷酸，做出新的 ATP。

光合作用 —— 用日光打造醣類

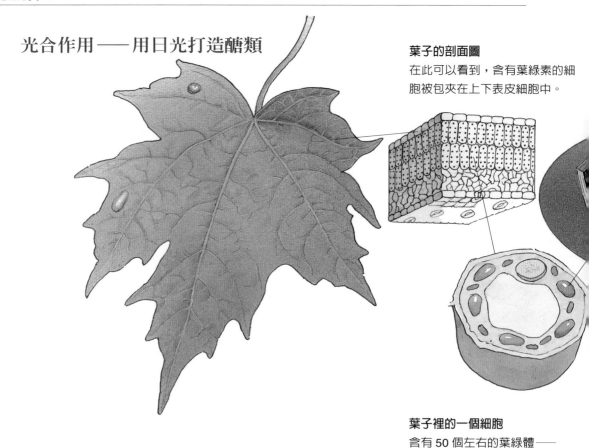

葉子的剖面圖

在此可以看到，含有葉綠素的細胞被包夾在上下表皮細胞中。

葉子裡的一個細胞

含有 50 個左右的葉綠體 ——
這裡正是植物製造醣類的工廠。

製造醣類的機器

據估計，一棵成熟、生長良好的楓樹，葉片的總面積可達 50 平方公尺，總重量約有 250 公斤，這表示葉綠體的總表面積將近 360 平方公里。在有陽光的日子裡，一棵楓樹一天可以生產 2 公噸的糖！

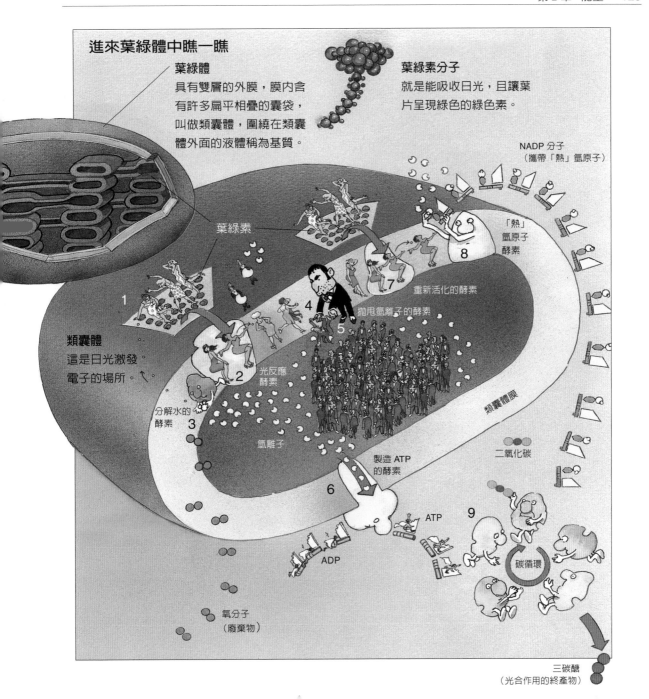

進來葉綠體中瞧一瞧

葉綠體
具有雙層的外膜，膜內含
有許多扁平相疊的囊袋，
叫做類囊體，圍繞在類囊
體外面的液體稱為基質。

葉綠素分子
就是能吸收日光，且讓葉
片呈現綠色的綠色素。

NADP 分子
（攜帶「熱」氫原子）

葉綠素

「熱」
氫原子
酵素

8

類囊體
這是日光激發
電子的場所。

重新活化的酵素

7

4

5 拋甩氫離子的酵素

1

光反應
酵素

2

分解水的
酵素

3

氫離子

類囊體膜

製造 ATP
的酵素

二氧化碳

6

ATP

9

ADP

碳循環

氧分子
（廢棄物）

三碳醣
（光合作用的終產物）

醣類分子得來不易啊！

想知道綠色植物如何製造醣類嗎？它的過程非常繁複，這邊我們僅提供一個摘要式的流程（請對照第 129 頁的圖）：

(1) 充滿光能的光子撞擊在葉綠素分子上，把葉綠素的電子激發到高能量的軌域。

(2) 這些高能電子沿著一連串的葉綠素分子（即那些跳吉魯巴的女舞者）一路彈跳，進入光系統的反應中心，在此成為擁有高能量的「熱電子」，接著進入電子傳遞鏈，在一個接一個的電子載體（即那些原來旁觀的女舞者）間彈跳。

(3) 葉綠素分子失去的電子可以從水分子的電子補充回來，讓葉綠素分子可以重新被利用。

(4) 電子載體帶領氫離子（即那些男伴），護送它們到某種蛋白質（即那位超級保鑣）那裡。

(5) 接著，保鑣蛋白質把氫離子拋進類囊體（即交誼廳）中。

(6) 聚集在類囊體中的氫離子迫不及待的穿越離子通道（即那道旋轉門），導致酵素製造出 ATP。

(7) 另有一群電子被日光激發；

(8) 電子與 NADP（菸鹼醯胺腺嘌呤二核　磷酸）這特殊分子上的氫離子結合，形成高度活潑的「熱」氫原子。

(9) 最後，有一組酵素利用 ATP 的能量把來自空氣中的二氧化碳與「熱」氫原子結合，製造出醣類分子。

一步一步來

接下來的幾頁，我們將用圖示的方式來了解光合作用的每一步驟：首先是概略的圖解（如下圖），然後是詳細的過程。雖然我們把光合作用拆解成一系列的步驟，實際上，整個反應的進行是非常迅速且連貫的。

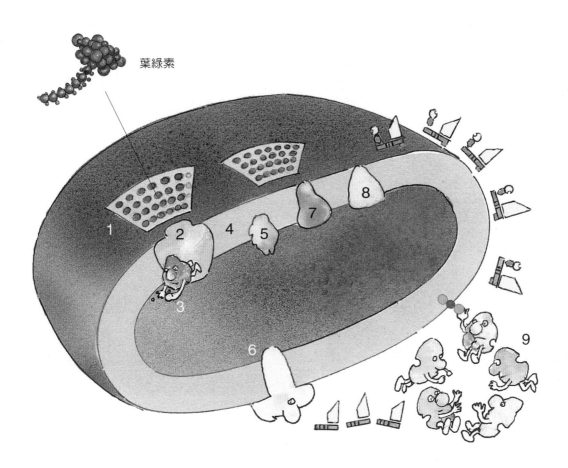

葉綠素

基本概念

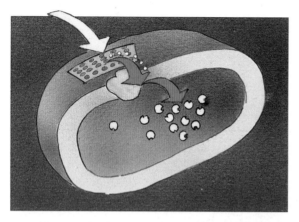

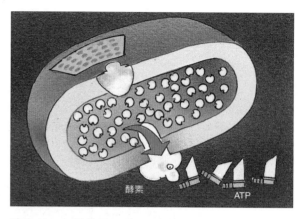

把氫離子推入類囊體中：日光激發電子，促使氫離子堆積在囊袋中。

產生 ATP：氫離子通過一個酵素逃離囊袋，同時啟動 ATP 的形成。

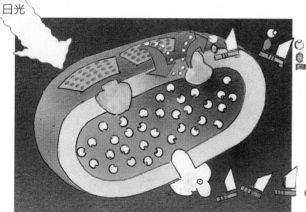

產生「熱」氫原子：電子重新被更多的日光激發，然後被 NADP 上的氫離子吸收。「熱」氫原子便是所帶的電子處於激發狀態的氫原子。

製造醣類：一群酵素利用 ATP 的能量，把「熱」氫原子與二氧化碳相結合，製造出醣類。

詳細過程

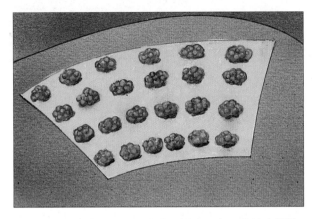

1. 葉綠素分子一小群一小群的聚在一起,好比太陽能天線。

當日光打在葉綠素分子上,會把它們的電子激發到高能軌域,導致電子在葉綠素間彈跳,直到⋯⋯

2. ⋯⋯一個特殊的「葉綠素─酵素」複合物把電子轉移給類囊體膜上的電子載體。

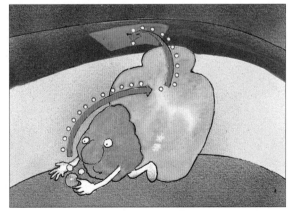

3. 葉綠素失去的電子將從水分子那裡補充回來(下一格讓我們靠近一點看)⋯⋯

……這需要仰賴一種分解水的酵素，它能把水分子拆解成 2 個電子、2 個氫離子，和 1 個氧原子。

4. 由於異性相吸，電子載體上的電子可以吸引類囊體外的氫離子（H^+）。還記得吧，一個氫離子加上一個電子就會成為一個氫原子。

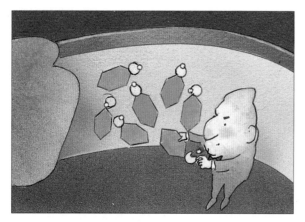

5. 當電子載體抵達類囊體的內側膜，拋甩氫離子的酵素會抓起氫離子……

……把它們丟進囊袋中，留下使用過的電子，電子又可黏到新的載體上。

6. 搶著逃離的氫離子唯一的出口是一個製造 ATP 的酵素。氫離子在穿越這個酵素時……

……會提供能量,使磷酸再度黏回使用過的 ATP,製造出新的 ATP 分子。

7. 另一組葉綠素受到日光激發出新的高能電子之後,會與使用過的電子結合。重新獲得電子的葉綠素便可以繼續工作。

8. 最後,「熱」氫原子酵素把每個高能電子,加上一個氫離子,轉移給電子傳遞鏈終端的 NADP。

9. 接下來，反應場所從類囊體轉移到基質，也就是葉綠體內除了類囊體外的空間。在此展開卡爾文循環，有 5 個酵素利用剛剛形成的 ATP 與「熱」氫原子，組合出半個葡萄糖分子。

參與運作的五人小組

A 酵素把 3 個二氧化碳分別黏在 3 個五碳醣上（在此循環中，氧沒有顯示出來），
形成的 3 個六碳醣分解成 6 個三碳醣。

B 酵素把 ATP 的能量轉移給三碳醣。

C 酵素把氫原子分別黏在這 6 個三碳醣上，並把其中 1 個排除到生產線之外。

D 酵素重組這剩下的 5 個三碳醣，做成 3 個五碳醣。

E 酵素把 ATP 的能量轉移到這些五碳醣，然後展開下一個新的循環。

用稀薄的空氣打造出醣類

　　也許生命最教人感到**驚奇**的事情是，它可以把空氣**轉變**成活的東西。包含了五種酵素的「五人小組」就有這種本事，它們能把空氣中的二氧化碳轉化成醣類。這「五人小組」中，每個「人」負責一小部分的工作，必要時會消耗 ATP 的能量，它們所需的「熱」氫原子則來自 NADP。

　　這個由五種酵素催化的循環中，有一個很有趣的特點：為了製造更多的產物，它總是需要藉助產物本身的幫忙。就這個卡爾文循環而言，過程中每產生 6 個三碳醣，僅有 1 個脫離生產線，成為最終產物。其他 5 個繼續循環，因為循環的起點還需要靠它們啟動。做出 6 個產物後，卻又把其中的 5 個倒回去，你或許覺得這樣的生產線很沒效率，不過這些酵素的動作可是快到讓你難以想像的地步，它們每秒可以製造出好幾千個產物分子（活化的醣）呢！

稍早你在這裡　　現在你在這裡

掌聲鼓勵，了不起的碳原子！

碳接碳，又長又多樣

一條只有頭尾 2 個接頭的
水管……

……只能銜接成一條較長的水管（或骨幹）。

但一條有 4 個接頭的
水管……

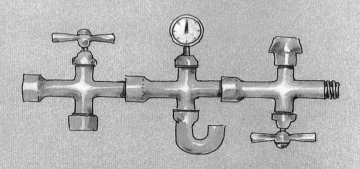

……除了可以頭尾銜接成一個較長的骨幹外，上下兩側的接
頭還可以加裝一些不同的東西。如此，骨幹上的每一小節都
可以變得很獨特。

醣類，多采多姿的命運

　　卡爾文循環的最終產物是三碳醣（半個葡萄糖）。三碳醣的出現表示光合作用告一段落了，但是生產醣類的過程還沒結束呢。這些三碳醣離開葉綠體，來到細胞質中，這裡有特殊的酵素把三碳醣兩兩結合，形成含有六個碳的葡萄糖。葡萄糖會再加工成各種形式，例如蔗糖、核糖、乳糖、纖維素、澱粉、肝糖等，在生命間流動。葡萄糖對生命的意義非凡，它提供生命所需的一切能量，以及幾乎所有的基礎建材。

　　碳在生命中扮演著很重要的角色，所以我們說「碳是生命的底子」，一點也不為過。碳獲得如此尊榮的地位，是因為它能夠與其他原子形成 4 個鍵結的獨到能力（也就是碳能與其他原子共用自己的 4 個電子）。氧原子只能形成 2 個鍵結，氫原子能形成 1 個。

　　左圖這個水管的比喻，可以讓你了解碳原子擁有較多鍵結的價值所在。試想，一條只有頭尾 2 個接頭的水管，藉著頭尾相連，可以接成一條較長的水管。不過無論接得多長，水管就只是水管而已。現在若有一條水管有前、後、上、下 4 個接頭，那麼除了頭尾相接之外，上下兩側的接頭還可以接上各種不一樣的東西。你想想看，這樣是不是就可以有許多好玩的變化了呢？

　　碳在生命的長鏈分子中恰好扮演類似的角色，它既可以增加長鏈分子的骨幹長度（即水管長度），也可以讓側鏈接上其他的東西（雖然骨幹和其他東西連接的角度不是直角）。在一個長鏈分子中，骨幹奠定了長鏈的基本結構，而側鏈上所接的東西則賦予該分子獨特的化學特性，並蘊藏著一些訊息。

海爾蒙特的實驗

5 磅的樹

200 磅的土

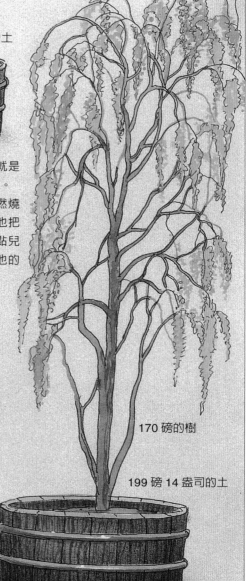

170 磅的樹

199 磅 14 盎司的土

大約在 1600 年代初期，人們普遍認為構成植物的一切物質，包括根、莖、葉、幹、枝，都是來自它生長的土壤。1630 年，一位名叫海爾蒙特（Jean Baptista van Helmont, 1580-1644）的法蘭德斯（現在的比利時）醫師做了一個簡單的實驗：他把一株 5 磅重的柳樹種在 200 磅的土壤中。五年後，長大的柳樹增添了 165 磅，而土壤的重量卻僅損失一點點！在這段期間，海爾蒙特做的只是定期給柳樹澆水。於是，他下了一個合理的結論：柳樹內的一切物質不可能來自土壤，而是來自他所澆灌的水。

顯然，海爾蒙特的結論前一句話是對了，但後一句話則只對了一半。當時沒有人知道生命的成分中，碳占了很大比例，而海爾蒙特壓根兒沒想到「空氣」會是柳樹生長時的物質來源。儘管如此，這個實驗還是很值得一提，畢竟藉由謹慎的測量重量，他至少排除了「土壤會變成植物一部分」的可能性。

其實，科學的事實與真相就是這樣一點一滴累積起來的呀。

後來，海爾蒙特又對燃燒木頭產生的氣體感興趣，他把這氣體稱作「木氣」，一點兒也不知道那正是大自然讓他的柳樹生長的「二氧化碳」。

呼吸作用 ── 分解醣類製造出 ATP

慢慢燃，慢慢燒

　　製造 ATP 的過程就好像燃燒木頭。當你燃燒木頭時，實際上是拿了富含氫和碳的東西，把它的鍵結打斷，然後摻入氧氣，最後得到二氧化碳、水，和熱。當醣類在粒線體內燃燒時，它的鍵結被打斷，並有氧氣的參與，產生二氧化碳和水；不過，粒線體產生的能量中，有一半以熱能釋出，另一半則儲存在 ATP 的鍵結中。想要完成這項任務，酵素得想辦法從醣類分子這邊「壓榨」出氫原子，然後，從氫原子跑出來的電子會沿著粒線體內膜上的電子傳遞鏈彈跳，最後製造出 ATP。

　　製造 ATP 的簡單流程如下（請對照第 143 頁的圖）：

(1) 酵素處理食物中的醣類分子，汲取其中充滿能量的氫原子。

(2) 電子從這些氫原子跑出來，進入粒線體內膜上的電子傳遞鏈（由一連串的電子載體組成），電子載體一邊傳遞電子，同時拾起氫離子。

(3) 沿途的酵素會把氫離子與電子載體分開，並將氫離子打入粒線體的內膜與外膜之間的膜間隙。

(4) 氫離子在膜間隙中愈積愈多，它們爭先恐後的穿越一種製造 ATP 的酵素。

(5) 最後，電子傳遞鏈終端的電子讓氫離子和氧結合起來，形成水分子。

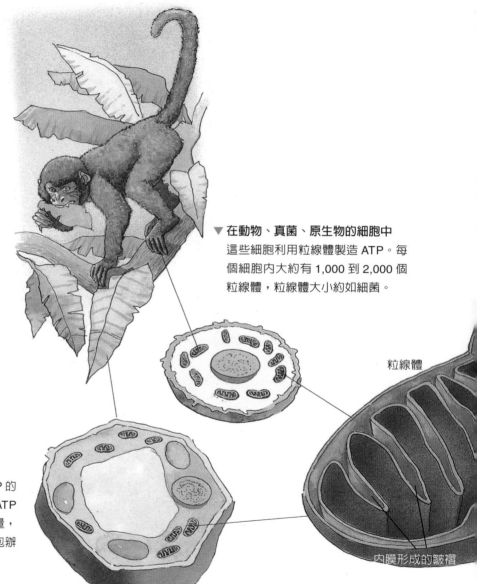

▼ 在動物、真菌、原生物的細胞中
這些細胞利用粒線體製造 ATP。每
個細胞內大約有 1,000 到 2,000 個
粒線體，粒線體大小約如細菌。

粒線體

在植物細胞中 ▶
植物細胞有兩個製造 ATP 的
場所：葉綠體中產生的 ATP
提供製造醣類所需的能量，
粒線體中產生的 ATP 則包辦
其他一切用途。

內膜形成的皺褶

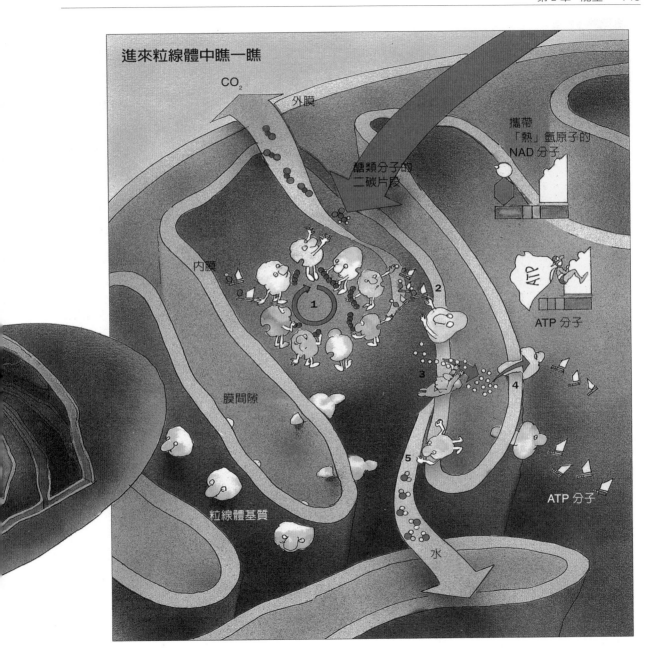

進來粒線體中瞧一瞧

CO_2

外膜

攜帶
「熱」氫原子的
NAD 分子

糖類分子的
二碳片段

內膜

ATP 分子

膜間隙

粒線體基質

水

ATP 分子

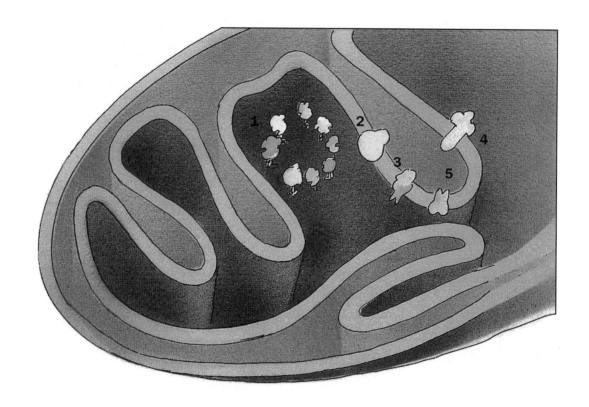

一步一步來

　　粒線體內的呼吸作用與葉綠體中的光合作用
頗類似,只是它們的流程幾乎是相反的。這兩種
作用都牽涉到一群循環作業的酵素,以及膜上的
電子流。上圖所標示的號碼與第 146 ～ 148 頁的
圖說標號是一致的。

基本概念

移除「熱」氫原子：酵素從醣類分子身上摘下熱氫原子，移交給電子載體 NAD（NAD 和氫結合後，會變成 NADH）。

啟動電子流：另一個酵素從「熱」氫原子身上剝下電子，產生氫離子。

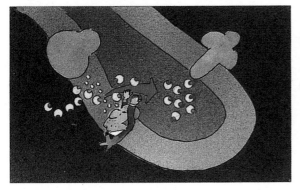

把氫離子打進膜間隙中：流動的電子會吸引氫離子，並利用酵素把氫離子打進膜間隙中。

產生 ATP：氫離子爭相穿越一種製造 ATP 的酵素，並在通過的同時製造出 ATP。

詳細過程

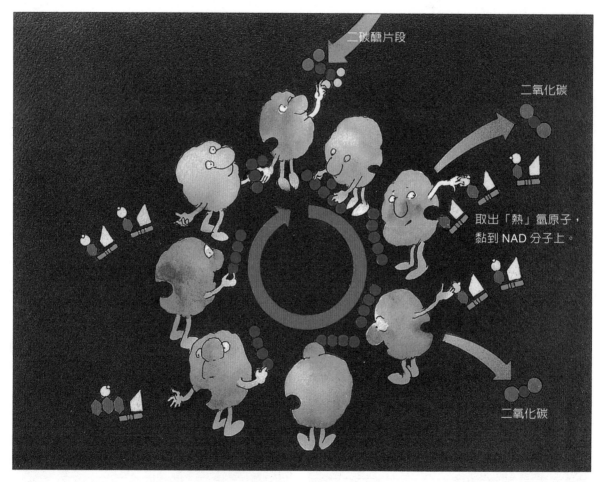

1. **醣類分子以二碳的片段進入粒線體**（圖的上端），這種二碳的形式是葡萄糖在經過醣解作用（請見第 151 頁）後所產生的物質。接著，有一群循環作業的酵素負責從這二碳片段汲取「熱」氫原子。然後，碳會與氧結合，形成二氧化碳排出，也就是我們呼出的氣體。

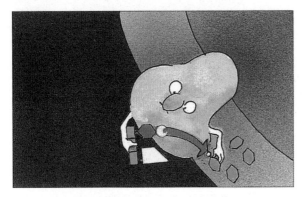

2. 「熱」氫原子前仆後繼的來到粒線體的內膜上，在此有一個酵素會摘除熱氫原子的電子……

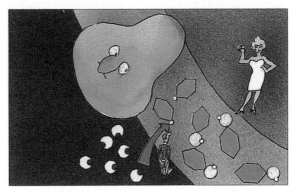

……並將電子傳給浮在內膜上的電子載體。每個電子會被一個氫離子撿起（在電子載體上形成一個氫原子）。

3. 電子載體以曼妙的舞姿把活化的氫原子傳遞給下另一個酵素……

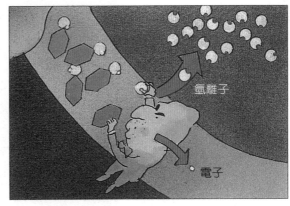

……這個酵素把電子從電子載體上摘除，並將氫離子打進膜間隙中。

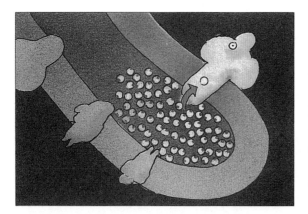

4. 氫離子在膜間隙中愈聚愈多後,大家都擠著穿越一個製造 ATP 的酵素向外逃。

就在氫離子從該酵素通過時,會釋出能量,讓酵素把磷酸重新黏回使用過的 ATP 分子。

於是,一個接一個重新獲得能量的 ATP 源源不絕的湧現,隨時準備提供能量給細胞進行各種活動。

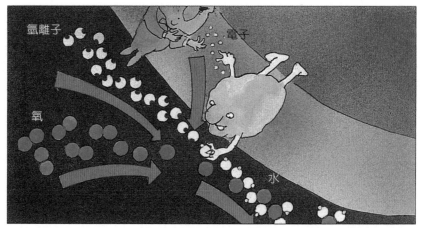

5. 同時還有另一個酵素把電子、氫離子以及氧結合起來,形成水分子,這算是呼吸作用的副產物。

發現氧氣

在很久以前，燃燒物體產生的火焰，一向被認為是某個重要的「東西」釋放出來的證據，這「東西」到了1700 年代，稱作「燃素」。科學家發現，如果在密閉的空間中燃燒東西，火很快就熄滅了，更嚴重的是，悶在裡頭的空氣再也無法讓動物活下去。顯然，燃燒過程中所累積的「燃素」會抑制火焰及生命。科學家又發現，當他們把植物放進這密閉空間中，且讓植物接觸到日光，則這種充滿「燃素」的空氣可以再起死回生，燃燒的東西也可以死灰復燃。看來，植物好像有抵制「燃素」的效果。

於是，偉大的法國化學家拉瓦節（Antoin Lavoisier, 1743-1794）決定來了解一下「燃素」究竟是什麼。1780 年代，他做了一系列的實驗，精確測量所有參與燃燒的東西的重量。好比說，當他點燃一片金屬，金屬雖然熔解了，但它的重量其實是增加了；然後他發現，金屬增加的重量恰恰等於周圍空氣減少的重量。（和金屬的情況相反，當木頭經過燃燒後，灰燼的總重量會比原來的木頭還輕，這是因為木頭的纖維素會與氧結合，產生二氧化碳和水，然後以煙和氣的形式散逸。如果把灰燼的總重加上跑掉的氣體，結果也會超過木頭原來的重量。）

拉瓦節後來把空氣中這種能與金屬結合的氣體命名為氧氣（oxygen）。這下子一切都明白了。燃燒東西以及動物生存都需要氧氣，若把空氣中的氧消耗精光，則火焰與生命都無法繼續維持下去。而植物行光合作用會釋放出氧氣，讓空氣再度展現生機。

拉瓦節的實驗闡明了燃燒的本質，因而奠定近代化學的基礎。

氧氣的小故事

　　當氧氣最初出現在地球的大氣中時，它對大多數的生物都是有害的，因為它會變成游離氧，破壞 DNA。不過，就像演化過程中經常發生的，逆境中往往能創造出新生機。因此，後來行呼吸作用的生物（「呼吸者」），也就是那些演化出各種中和有害離子的能力、可適應有氧環境的生物，都能在地球上蓬勃繁衍。

　　氧氣大大的提升了生物製造能量的能力。你知道嗎？「醱酵者」，也就是無法利用氧氣的生物（請見下一頁），只能從 1 個葡萄糖分子中擠出 2 個 ATP，但「呼吸者」卻可以擠出 20 個 ATP 呢！就是靠著這種優勢，地球上的「呼吸者」，包括許多種細菌及幾乎所有的多細胞生物，才得以在生物世界中稱霸。

　　說來奇怪，雖然呼吸作用需要氧氣，但氧氣在此扮演的角色挺彆扭的。怎麼說呢？其實生物製造能量所需要的是氫原子（更確切的說，是電子及氫離子），而不是氧。但生物需要有一個管道來處理過程中不斷湧現的氫離子及電子，這時氧就派上用場了，氧能夠與用過的氫離子及電子結合成水分子（H_2O）。所以，我們生命不可或的氧氣根本算不上是什麼表演者，它只是在舞台外等候的司機，一旦表演結束，就準備接送疲憊的演員回家去。

醣解作用

不靠氧氣製造出的能量

在地球遠古時候的海洋中，當時光合作用尚未發展出來，生物發明了不需依賴氧氣就可以從醣類分子中獲取能量的方法。這其實是我們現今所知的醣解作用（見於動物細胞）及醱酵作用（見於微生物）的原始形式。

在這原始的過程中，每個葡萄糖透過一系列的酵素，分解成較小的片段，並產生 2 個 ATP。儘管這個數量遠比動物細胞在粒線體中進一步分解葡萄糖片段所產生的 20 個 ATP 還少很多，但這種低效率的產能方式，對於遇上一些緊急狀況的動物來說，可是大有幫助呢！譬如說，你突然需要迅速用力的收縮肌肉（好比在激烈的百米賽跑中），這時候氧氣根本來不及從血液輸送到肌肉細胞中，原始的醣解作用便能夠提供必要的 ATP。

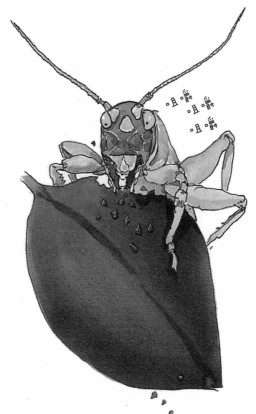

在地球出現光合作用而且有氧氣可使用以前，遠古海洋中的生物消耗大量「類醣物質」進行原始的醣解作用，這也許可算是生命最早的能量生產形式。

▶

在植物細胞內

葉綠體產生的半個葡萄
糖分子（三碳醣），在
細胞質中兩兩配對成葡
萄糖（六碳醣），並以
其他形式，例如蔗糖、
澱粉，儲存起來。在醣
解作用中，葡萄糖分子
分解成二碳片段，這些
片段進入植物的粒線體
中繼續分解，以產生植
物進行各種活動所需的
能量分子 ATP。

▶

在動物細胞內

生物吃植物，而從植物
釋出的葡萄糖分子將會
經由醣解作用產生二碳
片段，繼而進入動物的
粒線體中繼續分解，以
產生動物進行各種活動
所需的能量分子 ATP。

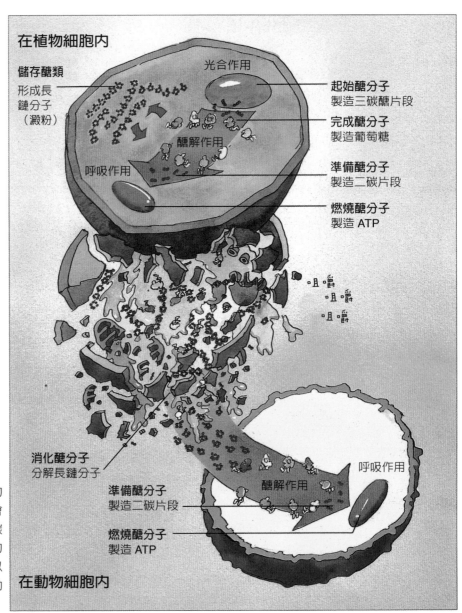

在植物細胞內

儲存醣類
形成長
鏈分子
（澱粉）

光合作用

起始醣分子
製造三碳醣片段

完成醣分子
製造葡萄糖

醣解作用

準備醣分子
製造二碳片段

呼吸作用

燃燒醣分子
製造 ATP

消化醣分子
分解長鏈分子

準備醣分子
製造二碳片段

呼吸作用

醣解作用

燃燒醣分子
製造 ATP

在動物細胞內

巴斯德的酒

人類在很早以前就對醱酵作用（把醣類分解成酒精）產生興趣。直到 1860 年以前，大家相信醱酵純粹是化學反應，與生物世界沒有任何關連。後來，法國的細菌學家巴斯德發現，醱酵其實是經由酵母菌及細菌所完成的生物反應。他還發明了巴斯德殺菌法來防止葡萄酒、啤酒變質。（也就是利用加熱方式消滅細菌，避免它們產生醋酸等物質，影響酒的品質。）

巴斯德的成就不只嘉惠了法國的釀酒工業，也導致科學家在 1900 年代早期發現醱酵作用也發生於動物及植物身上，只是我們一般稱這種作用為醣解作用，意思就是把醣分解，而且同時會有 ATP 產生。很快的，科學家發現肌肉收縮和醣解作用及製造 ATP 是相伴相隨的，而且當肌肉持續的伸縮，ATP 會快速的消耗掉。

這些零零星星的發現，最後導致我們現今的認知：醣解作用不需要氧氣，呼吸作用需要氧氣，但兩者皆產生 ATP，以供應細胞內一切活動所需的能量。

注：巴斯德（Louis Pasteur, 1822-1895），法國細菌學家，創微生物化學，證明生物不能自然發生（生物是由生物生出的），還發明狂犬病疫苗、牛奶低溫消毒法等等。

群集的能量

活生生的「燈泡」

過去 40 億年來，原本曾是一個個獨立生活的細胞，已懂得彼此聚集成助合作的群集，也就是我們所稱的多細胞生物。在這些生物中，細胞已分化出不同的群組，各自扮演特殊的角色，例如肌肉細胞、腦細胞、骨骼細胞以及皮膚細胞等。

這些細胞為了要各司專職，往往需要生產及消耗 ATP 的能量。不過，除了像「狩獵採集者」那樣單純的消費能量外，有一些特化的細胞會轉移部分的 ATP 去做「公益事業」，為整個群集服務。舉例來說，螢火蟲尾巴的細胞本來並沒有必要發光的，但既然它們是專司交配生殖的細胞群集中的成員，於是它們「點燈」的功能變成需要 ATP、有助繁衍的重要活動。

從分子的角度來看

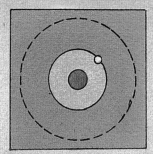

電子在正常的軌域運行

在螢火蟲的尾巴細胞，有一種酵素能夠把一部分的 ATP 黏在螢光素（luciferin）上，如此可以激活螢光素，促使氧分子與螢光素上的一個碳原子結合，並將一個電子激發到較高軌域。螢光素接著釋出由氧與碳結合成的二氧化碳。就在電子從較高軌域掉回原來的軌域時，釋出的能量轉化成一小道閃光。

有趣的是，這種利用 ATP 和氧氣產生螢光和二氧化碳的過程，恰好與光合作用相反！

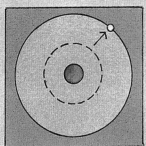

電子被提升到較高軌域

▶ 電子掉回較低軌域，釋出的能量轉化成螢光

從細胞的角度來看

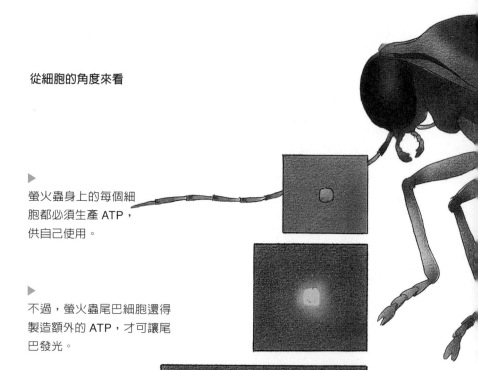

▶

螢火蟲身上的每個細
胞都必須生產 ATP，
供自己使用。

▶

不過，螢火蟲尾巴細胞還得
製造額外的 ATP，才可讓尾
巴發光。

▶

當數百萬個尾巴細胞
集體發光，可以提高
螢火蟲交配的機率，
繁衍更多的後代。

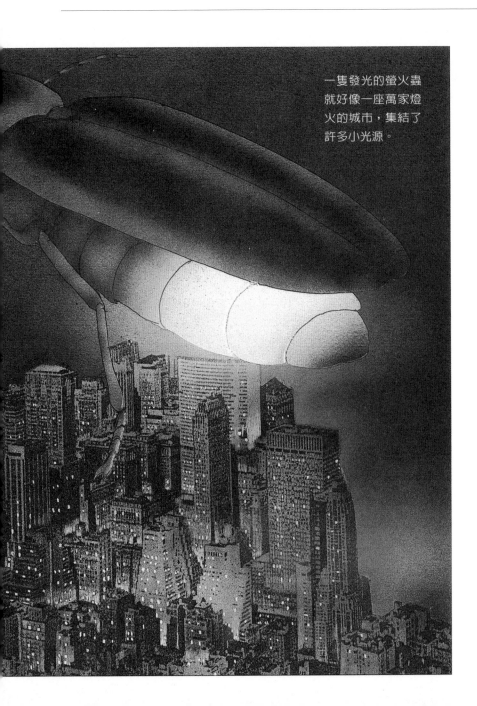

一隻發光的螢火蟲
就好像一座萬家燈
火的城市，集結了
許多小光源。

名詞解釋

NAD　即 nicotinamide adenine dinucleotide（菸鹼醯胺腺嘌呤二核苷酸）的簡稱。

NADP　即 nicotinamide adenine dinucleotide phosphate（菸鹼醯胺腺嘌呤二核苷酸磷酸）的簡稱。

分解者　decomposer　生態系中，專門分解生物的遺體，吸收其養分的生物，而且也能使遺體中的元素釋出。例如細菌與真菌。

代謝　metabolism　生物體中所進行的物質分解以及合成的化學變化。

生物量　biomass　亦稱「生物質量」。為一地區內生物的總數或總質量。

生產者　producer　生態系中，可自己製造所需的營養的生物，不用靠其他生物維生。如綠色植物和光合細菌。

光合作用　photosynthesis　在綠色植物或光合細菌中，將水與二氧化碳反應為醣類加氧氣的作用，利用光來驅動反應。

共價鍵　covalent bond　兩個原子藉著共有的電子對結合，生成的化學鍵稱為共價鍵。通常每個原子提供一個電子，電子雲集中在兩原子間，吸引帶正電的其餘部分。一般分子的化學鍵都是共價鍵。

消費者　consumer　生態系中，以其他生物為食的生物，例如動物、或是肉食性植物。

清除者　scavenger　生態系中，專門攝食生物遺體的生物，如禿鷹、蟻類。

絕對零度　absolute zero　任何物質中，每一粒子皆無熱能可傳時的溫度，大約是攝氏零下 273 度。

「熱」氫原子 hot hydrogen 所帶的電子處於激發狀態的氫原子。

熵 entropy 在熱力學與統計力學中，用來度量一個系統無序程度的物理量。

醣解作用 glycolysis 醣類的生化分解過程，通常 1 個葡萄糖分子能轉變成 2 個丙酮酸或乳酸分子，並產生 ATP，是細胞獲取能量的方式之一，但效率較差。

類囊體 thylakoid 葉綠體中的許多扁平空泡或囊袋，是光合作用中光反應的場所，類囊體的膜上含有葉綠素、電子傳遞鏈以及光反應所需的各種酵素。

軟體（DNA）進入
電腦後，指示電腦
從右頁的印表機列
印出硬體的組件。

第 3 章

訊　息
——收藏工作指南的百寶箱

假設有一台會自我製造的電腦，它的軟體內含自我組裝的藍圖。電腦根據軟體的指示完成自己的硬體後，硬體就可以執行建造、維護和修理的任務，還能讀取軟體的指示。直到電腦發覺自己還可以工作的來日不多時，硬體又開始複製出一套一模一樣的軟體，由此再製造出一台相同的全新電腦。這樣的循環不斷重複。

一個活的細胞也是這樣一個會自我組裝的系統，正因如此，不禁使我們產生一個矛盾的疑問：如果硬體需要仰賴軟體的指示，而軟體又需要依靠硬體的保護，那麼一開始究竟是先有硬體，還是先有軟體呢？這可能立即讓你聯想到一個經典的老問題：雞生蛋，蛋生雞，是先有雞，還是先有蛋？（請見第 207 頁）

關於生命所使用的「軟體」，還有許多讓你困惑的謎呢。譬如說，一株橡樹苗究竟把建構另一株橡樹所需的訊息儲存在哪裡呢？這些訊息又是如何與該樹的「硬體」交互作用呢？在本章與下一章，我們將探討生命的軟體與硬體的關係，這好比大腦與身體其他各部的關係，不過我們在此使用的名詞是「訊息」和「機器」。

為什麼生命必須來自生命？

一條延綿不絕的鎖鏈

　　從前的人大多認為，生命是由神祕的超自然力量所控制的。舉例來說，早期的科學家看見腐爛的肉類、穀類或泥巴上面布滿了蠕動的蟲啊、蛆啊，附近還有蒼蠅、甚至老鼠在飛來鑽去的，他們都相信生命是由無生命的物質自然而然產生的。後來的實驗反駁了這樣的觀點，但人們還是花了好長一段時間來了解，為什麼生命不可能

生命不可能起源於無生命物質
（譬如，蒼蠅不可能從腐肉生出
來），就好比一架 747 客機不
可能經由龍捲風席捲一堆破銅爛
鐵後、碰巧組裝出來一樣。

自然發生或無中生有：生命花了 40 億年的時間，才到達現今的複雜
程度。生命總是一代傳一代，像一條延綿不絕的鎖鏈。這個必然的
結論源自我們現今對於生命儲存的訊息物質的了解，包括訊息物質
所扮演的角色。

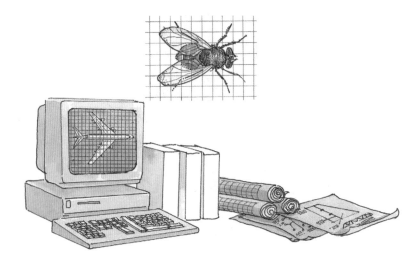

要組裝一隻蒼蠅顯然比組裝一架 747 客機還困難太多。蒼蠅可是大自然經過幾十億年「研究與開發」的成果，也就是由嘗試與錯誤中、累積正確訊息所產生的傑作。和飛機一樣，若沒有詳細、冗長的拼裝指南，是不可能組成一隻蒼蠅的。

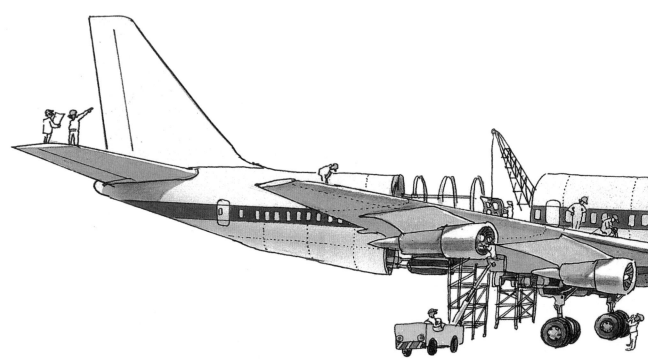

「自然發生論」之死

1668 年，義大利醫師雷迪（Franceso Redi, 1626-1697）做了一個在早期的研究中算是頗嚴謹、小心的生物實驗，他假設從腐肉長出來的小生物，並非來自無生命因子，而是來自產在肉上的卵。他拿了 8 個燒瓶，把肉放進瓶中，其中 4 瓶不封口，另外 4 瓶則密封起來。經過一段時間後，未封口的 4 個燒瓶內長滿了蛆，密封的那 4 瓶則沒有任何異樣。雷迪接著把原來密封的 4 瓶換成用紗布蓋住瓶口，結果還是沒看到蛆。於是他下了一個正確的結論：蛆是因為蒼蠅飛進燒瓶中，在肉上產卵所孵化成的。這個實驗推翻了先前的觀念，原來大家以為，至少那些肉眼看得見的小生物可以從腐爛東西中的「生命要素」自然發生。其實這是錯誤的。

不過，人們仍普遍認為像細菌、酵母菌之類的微生物應該是從腐爛的東西中自然發生的。這個爭論一直持續到 1864 年，才由巴斯德（請見第 153 頁）出面擺平。他首先證明空氣及灰塵中含有活的東西，接著，他把空氣和灰塵加入經過徹底殺菌的物質中，並密封在燒瓶中，然後觀察到有生命在瓶中迅速的滋生。隨後，巴斯德將經過殺菌的東西放進有 S 形長頸的燒瓶中，用棉花塞把瓶口塞住，結果並沒有什麼生命繁殖的跡象。但當他把燒瓶傾斜，使瓶內的東西接觸到棉花塞時，會因此沾染了棉花塞從空氣中捕捉到的微生物，結果短短的 48 小時內，瓶內出現蓬勃的生機。當然，如果他把瓶頸折斷，那麼瓶內將更快出現微生物繁殖的盛況。

事後，巴斯德說了一句話：「自然發生論的信條在經過這簡單實驗給予致命一擊後，絕對不可能起死回生了！」果真，這個觀念從此就沉沉死去了。

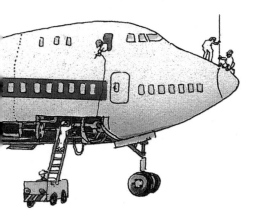

基因發現簡史

揭開遺傳的祕密

好啦，現在科學家知道生命只能來自生命，於是他們開始更仔細的研究遺傳現象。說的也是，我們的小孩跟我們長得很像，但道理何在呢？

這個簡史帶領我們回顧十九世紀後半直到 1940 年代。

1860 年代
遺傳是由某種「因子」決定的

奧地利神父孟德爾發現豌豆中有某種「因子」可以決定遺傳性狀，而且每一種性狀似乎都受到一對「因子」的控制。再者，每一種性狀都有顯性及隱性之分。例如，當他讓一株高莖豌豆與一株低莖豌豆交配，產生的子代大多為高莖豌豆；由此可知高莖是顯性，低莖是隱性。不過，隱性的低莖性狀並沒有從此消失，仍會在較後來的子代中出現；兩株高莖豌豆雜交後，也可能生出低莖豌豆。孟德爾的研究在 1900 年以前都還沒沒無聞。

孟德爾（Gregor Mendel, 1822-1884），奧國神父，用豌豆做實驗，發現了孟德爾分離律，被尊為遺傳學之父。但是在 1865 年他的發現公諸於世時，並沒有受到重視，一直埋沒了 35 年後，三位生物學家才在圖書館中重新發掘出孟德爾的研究。

1890 年代
發現染色體

　　染色體這些存在細胞核中的小東西是由許多研究者共同發現的，他們觀察到，成雙成對的染色體在細胞分裂前會先複製出另一份，然後平均分給兩個子細胞。研究者懷疑染色體是遺傳物質的攜帶者。

1903 年
那種「因子」就是染色體

　　薩登是最先將孟德爾發現的「因子」與染色體聯想在一起的人。在每一對決定性狀的因子中，有一個因子來自成對染色體中的一條，另一個因子則來自另一條染色體；而且，成對的染色體中，有一條來自母親的卵子，另一條來自父親的精子。

薩登（Walter Sutton, 1877-1916），美國遺傳學家，是最先認為基因與染色體有關的人。

1905 年
染色體正是決定遺傳的東西

威爾森（Edmund Wilson,
1856-1939），美國生物學
家；史帝文斯（Nettie M.
Stevens, 1861-1912），美國
遺傳學家。

　　威爾森和史帝文斯發現一種特殊的染色
體，叫做「X 染色體」，這種染色體可以決
定子代的性別，也就是女性細胞中含有 2 條
X 染色體，男性細胞中只含 1 條。X 染色體
也說明了為何世界上男生和女生的數量差不
多：所有的卵細胞都含有 1 條 X 染色體，
但精細胞中，只有半數含有 X 染色體，另
一半則含 Y 染色體。這是科學家首度證
明，特殊的染色體攜帶有特殊的遺傳特質
（也就是性別）。

1906 年
孟德爾發現的「因子」就是基因

摩根（Thomas Hunt Morgan,
1866-1945），美國遺傳學家，
染色體理論創始人，1933 年
諾貝爾生理醫學獎得主。他
是第一位利用果蠅來從事遺
傳學研究的科學家。

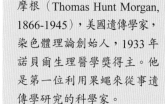

　　科學家發明了「基因」這字眼，用來表示可以決定某特定性狀
的一段遺傳訊息。基因其實就是孟德爾發現的
因子。

很多個基因會同時遺傳下去

　　摩根發現許多基因是一起遺傳的，進而聯
想到也許基因在染色體上是彼此相連的。（好

比說果蠅有 4 條染色體，我們可以說果蠅有 4 組彼此相連的基因。）這麼說來，一條染色體其實就是許多基因串連成的長鏈囉！

1908 年
基因在染色體上排排站

根據摩根的觀察，雖然許多基因好像會同時遺傳，但有些基因就是比較容易「手牽手」一起出現。於是他推論，在染色體上彼此相距較遠的基因，比較不可能一起遺傳。（這是因為兩條染色體之間會發生基因交換的情形。）摩根後來找出果蠅的基因圖譜，也就是每個基因在染色體上的相對位置。

1909 年
遺傳疾病可能由缺陷的基因引起

加羅德宣稱：當一些特殊的蛋白質無法執行正常功能時，會引起某些可能代代相傳的遺傳疾病。

加羅德（Archibald Garrod, 1857-1936），英國牛津大學教授，指出遺傳上某些重要酵素的欠缺，會引起「先天代謝錯誤」。

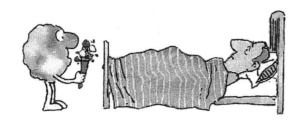

1927 年
突變可以產生新性狀

　　科學家發現，新的遺傳特徵以及遺傳疾病都是基因突變的結果。他們進一步發現，要是沒有基因突變，演化也沒戲唱了（關於演化，請見第 2 冊第 7 章）。德弗里斯在 1886 年發現遺傳性狀突變的現象，而馬勒則在 1927 年首先以 X 射線誘發出基因突變。

德弗里斯（Hugo de Vries, 1848-1935），荷蘭植物學家，發現遺傳特性。他是使孟德爾的遺傳研究重見天日的科學家之一。

馬勒（Hermann J. Muller, 1890-1967），美國遺傳學家，1946 年諾貝爾生理醫學獎得主。

畢寶（George W. Beadle, 1903-1989）與泰頓（Edward Lawrie Tatum, 1909-1975）發現基因的功能在製造蛋白質，共同獲得 1958 年諾貝爾生理醫學獎。

1942 年
一個基因，一顆蛋白質

　　畢寶和泰頓利用麵包黴菌證實每個基因控制著一種蛋白質的製造（請見第 178 頁）。

1944 年
天擇會作用在所有活的東西上

盧瑞亞證實，細菌和動植物一樣，也會受到基因突變及演化作用的影響。由於細菌繁殖的速度很快，它們成為分子生物學的主要實驗對象。

基因是由 DNA 做成的

艾弗里與同僚發現，基因是由去氧核糖核酸（DNA）組成的。

盧瑞亞（Salvador Luria, 1912-1991），原籍義大利的美國微生物學家，1969 年諾貝爾生理醫學獎得主。

艾弗里（Oswald Theodore Avery, 1877-1955），美國微生物學家，提出「DNA 是遺傳物質」的論證。

生命的編碼及解碼系統

訊息埋藏在活的東西裡面

有生命的東西和無生命的東西之間存在一個根本的差異，那就是活的東西會利用訊息來創造及維持生命所需的一切。石頭裡沒有半點訊息可以告訴你石頭是如何製造的，蟾蜍的細胞裡則含有如何成為一隻蟾蜍所需的訊息指示。

訊息是不具有空間的東西。訊息不過是某種東西與另一種東西比較之後的結果，記載著其間的差異。當訊息以一系列的符號，例如 0 與 1、點與線、26 個英文字母、音符等，經過編碼後，就成為具體、

石頭是簡單、穩定的東西，由安定、低能量狀態的分子排列所產生的。

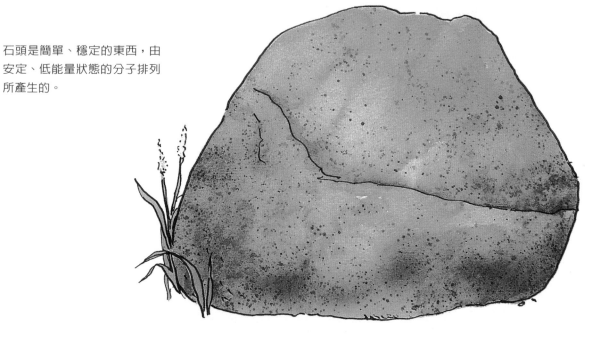

食譜和蛋糕

在此我們列出一些例子來闡釋「編碼成構想」與「解碼成產品」之間的關係。

構　　想	產　　品
藍　圖	建築物
食　譜	蛋　糕
菜　單	晚　餐
樂　譜	交響樂
基　因	蛋白質

我們不妨把左行的項目視為製造出右行實際產品所需的訊息。但嚴格說起來，編成密碼的訊息本身也是具體的物質，譬如說紙張啦、油墨啦、或分子等，所以左行的項目也可算是產品唷。

可解讀的東西。由這些符號編成的密碼，經過機器或人腦解碼後，就變成電腦的輸出資料、摩斯電碼短訊、一篇文章、一闋交響曲等。接下來，為了要能夠儲存或轉移，訊息還需要被賦予具體的形式。就這點而言，你大可說「心靈」和「物質」是密不可分的。

　　生命的訊息——也就是掌控生命運作的觀念，是以核苷酸序列（基因）的方式編碼，然後再經由負責製造各部零件的機器來解

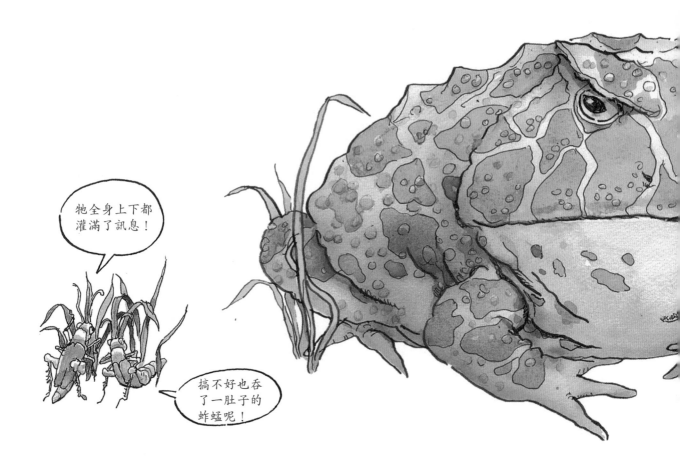

牠全身上下都灌滿了訊息！

搞不好也吞了一肚子的蚱蜢呢！

碼。就像先前比喻過的那台會自我製造的電腦，這種過程是一個迴路：訊息需要機器，機器需要訊息。這樣循環的關係一開始或許簡單，但經過好幾個世代後，可能建構成複雜的東西。同樣的情形，我們的腦海中一開始可能只是一些瑣碎的東西，像是預感啦、構想啦、念頭啦、或記憶等等，但經過一段時間，就可能演變出較深沉的思想。

▼蟾蜍的細胞是複雜、多變的東西，由高能分子經訊息高度整合、排列而成的。

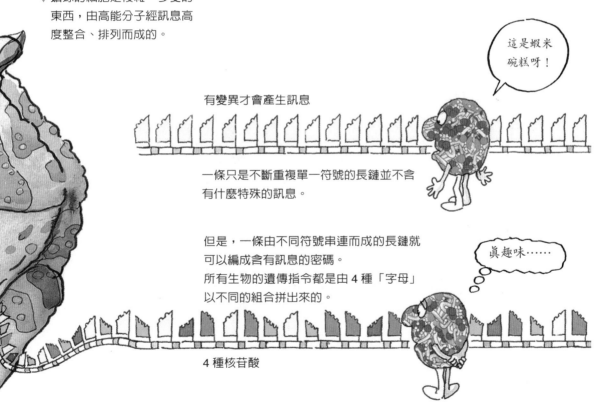

這是蝦米碗糕呀！

有變異才會產生訊息

一條只是不斷重複單一符號的長鏈並不含有什麼特殊的訊息。

但是，一條由不同符號串連而成的長鏈就可以編成含有訊息的密碼。
所有生物的遺傳指令都是由 4 種「字母」以不同的組合拼出來的。

真趣味……

4 種核苷酸

DNA 到底在說啥？

不是藍圖，是食譜

　　要不是科學家發現生命是受到蛋白質這群「聰明伶俐」的傢伙所主宰，大家恐怕壓根兒無法了解生命的複雜性。蛋白質是由僅僅 20 種胺基酸、以不同的組合所串連成的長鏈分子。每一種蛋白質的獨特功能取決於長鏈上的胺基酸序列。

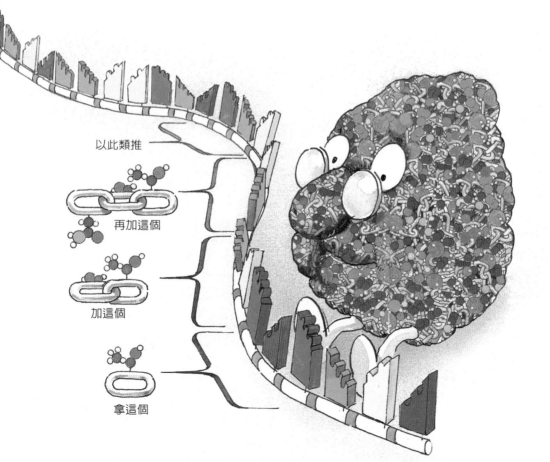

以此類推

再加這個

加這個

拿這個

　　在此，我們不妨以精簡有力的方式，把生命的運作看做是兩種長鏈的完美演出：一種是攜帶訊息的 DNA 長鏈；另一種是胺基酸串成的蛋白質長鏈，負責生命一切生長、維護及繁殖的工作。DNA 上帶有許多單元序列，可以決定蛋白質上的胺基酸序列。因此，我們不該說 DNA 像一張藍圖，所謂的藍圖是含有最後成品的形象或模型；其實 DNA 倒比較像一份食譜，也就是一套可以循序漸進去完成目標的指示。

　　所以，生命的複雜性是源自一套再簡單不過的口令，聽著喔，DNA 上的訊息會指示：「拿這個，加這個，再加這個……好了，停停停！拿這個，加這個，再加這個……」儘管說得容易，想要完成這一系列的動作，可是需要一些天賦異稟的靈巧機器呢（請見第 2 冊第 4 章）。

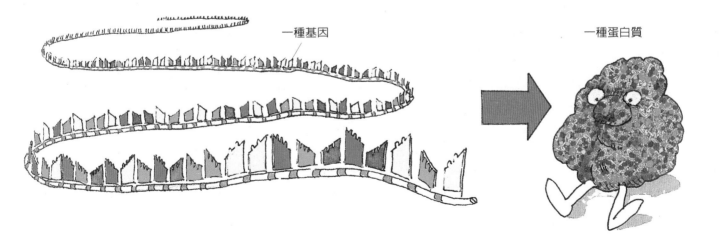

一種基因

一種蛋白質

重大的發現：一種基因做出一種蛋白質
——畢竇和泰頓的麵包紅黴菌實驗

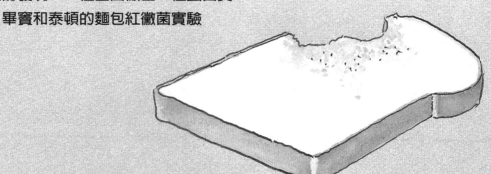

一直到 1940 年代早期以前，受到研究的遺傳性狀大多具有複雜的功能，例如豌豆的高低莖、果蠅翅膀的形狀，或眼睛的顏色等。這些性狀可能是由許多基因操控的。

畢竇認為必須縮窄範圍，找出一個僅由一種特定基因控制的性狀。受到摩根的啓發，畢竇開始時是以果蠅做實驗材料，但是他很快就發現一種更好的選擇——麵包上的紅黴菌（*Neurospora*）。在此簡單介紹一下畢竇與同僚泰頓所做的實驗。正常的紅黴菌可以一步一步把醣類分子轉化成 20 種胺基酸。舉例來說，製造 X 胺基酸的過程是：A 分子轉變成 B 分子，B 分子再變成 C 分子，最後由 C 分子變成 X 胺基酸。

畢竇和泰頓用 X 射線照射紅黴菌，引發突變，使這些黴菌無法再製造某些種類的胺基酸。其中有一株突變種無法做出 X 胺基酸，除非他們提供 C 分子給該黴菌。若提供 A 或 B 分子，照樣行不通。於是他們下了一個結論：該突變種喪失了由 B 轉變成 C 的能力，換句話說，X 射線損害了讓 B 變到 C 的酵素。而另一株突變種也無法產生 X 胺基酸，除非他們提供 B 分子。畢竇和泰頓又推論這黴菌失去由 A 變到 B 的能力，也就是 X 射線損害了使得 A 變成 B 的酵素（蛋白質）。

於是，畢竇和泰頓做了一個正確的推測：每一株受到 X 射線破壞的突變種，都會損壞一個特定的基因，進而損失該基因所對應的酵素。這簡單的觀念——「一種基因製造出一種酵素」，為更深入了解基因的工作，開啓一扇大門。

核苷酸──骨幹上的字母

遺傳訊息的化學單位

　　就像英文利用 26 個字母寫成句子、段落和文章，DNA 是用 4 個核苷酸構成遺傳語言的字母。每個核苷酸上都包含 1 個鹼基、1 個去氧核糖以及 1 個磷酸。DNA 的鹼基有 4 種：腺嘌呤（adenine，簡稱 A）、胸腺嘧啶（thymine，簡稱 T）、胞嘧啶（cytosine，簡稱 C）、鳥糞嘌呤（guanine，簡稱 G）；每一種鹼基都是由碳、氮、氧和氫原子組成特殊的結構。鹼基連到去氧核糖（圖中的白色圓柱體）上，然後這部分再連到磷酸上。好比一串珠珠項鍊，核苷酸利用去氧核糖與磷酸鍵結的方式，把好多好多核苷酸連成一條含有特殊訊息的長鏈分子。

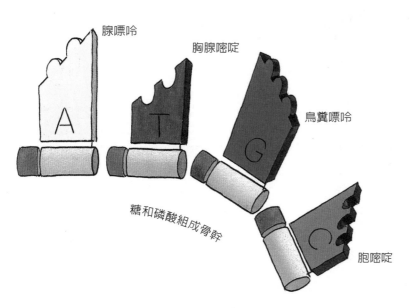

鹼基

磷酸

去氧核糖

從核苷酸到基因組 —— 遺傳物質的階級

一個核苷酸
最小的訊息單位,單單一個
核苷酸並不含有任何訊息。

一個三聯密碼
由三個核苷酸組成,可以
指定一個胺基酸的合成。

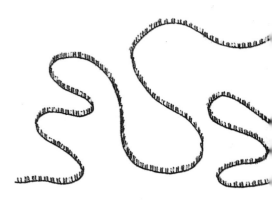

一個基因
由一長串的核苷酸組成,可
以指定一種蛋白質的合成。

一個字母

一個單字
由幾個字母組成,可以
表達某種意思。

Like the letters in the words of this paragraph, the four nucleotides of DNA comprise the letters of *its* language — the language of heredity. Each of the four nucleotides — adenylic acid (A), thymidylic acid (T), cytidylic acid (C), and guanylic acid (G) — is a unique arrangement of carbon, nitrogen, oxygen, and hydrogen atoms called a base. And each nucleotide is bonded to the same sugar — deoxyribose — and to a phosphate. Like beads strung in a necklace, the repeating phosphate-sugar parts of the nucleotides link to each other in a continuous backbone that holds the sequence in order.

一段文字
由一長串文字組成,可以傳達
一種構想。

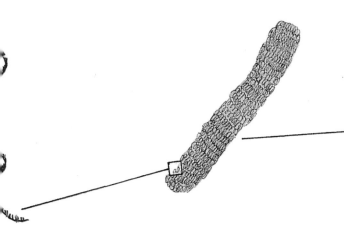

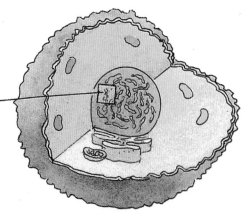

一條染色體
由許多基因（大約 3,000 個）
串連成的捲曲絲線。

一套基因組
一個生物所含的染色體總和，通常指
存在該生物細胞核內的所有染色體。

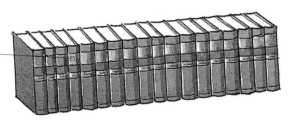

一本書

一套書

基因的改變使細胞轉型

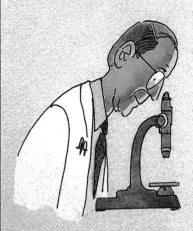

1928 年，倫敦的軍醫格里夫茲做了一項重大的發現。當時，由肺炎雙球菌引起的肺葉性肺炎，是造成全球許多人口死亡的主要原因。科學家知道肺炎雙球菌中有一些突變種是良性的，不會引起疾病。

格里夫茲發現，如果他把這些活生生的良性肺炎雙球菌與已經死掉的致命性肺炎雙球菌混合後注射到小鼠體內，所有的小鼠都會因感染肺炎而死亡。再者，死掉的小鼠體內會繁衍出許多致命性的肺炎雙球菌！看來好像有某種東西從死掉的致命性肺炎雙球菌釋出，跑進活的良性肺炎雙球菌細胞中，將它們的遺傳特質給改變了；良性的肺炎雙球菌從此一去不返，全部轉型成致命性的細菌。究竟是什麼東西引發這種轉型呢？格里夫茲是永遠不會知道了，因為他在 1941 年死於倫敦大轟炸中。

經過了好多年辛苦的化學分析，以及不斷的研發純化、測試細胞內含物的方法，終於在 1944 年，紐約洛克斐勒研究所的艾弗里、麥克勞德和麥卡提向世人宣告，那引起細胞轉型的物質正是 DNA（當時大家以為蛋白質才是遺傳物質）。他們的研究證實了，DNA 就是遺傳分子；基因是由 DNA 構成的。

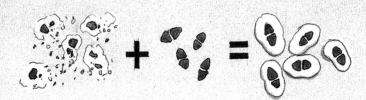

死掉的致命性肺炎雙球菌　＋　活的良性肺炎雙球菌　＝　活的致命性肺炎雙球菌

格里夫茲（Frederick Griffith, 1881-1941），英國微生物學家，發現細菌轉型的現象。

艾弗里（請見第 171 頁）、麥克勞德（Colin MacLeod, 1909-1972）以及麥卡提（Maclyn McCarty, 1911-2005），這三位美國微生物學家確認了 DNA 為生物的遺傳物質，也就是基因的組成分。

DNA —— 鹼基配對與微弱鍵結

核苷酸的配對 —— DNA 結構與功能的關鍵

　　DNA 總是以雙股的形式存在，也就是兩條互相配對的核苷酸長鏈。你可以發現，4 種核苷酸中的鹼基（簡稱 A、T、G、C）會產生配對，它們的形狀及化學組成導致 A 恰可與 T 相配，G 恰可與 C 相配。當 A 與 T 配成對後，所產生的寬度（也就是兩個去氧核糖之間的距離）會和 G 與 C 配對後的寬度一樣。由此可知，單股 DNA 長鏈上的核苷酸序列恰可與另一股互補的 DNA 長鏈上的序列一一配對，而且兩股之間始終保持著一致的距離。好比說，當 DNA 的某一股上出現一段 G-T-A-C-C，則另一股相對應的序列一定是 C-A-T-G-G。

1. 腺嘌呤核苷酸與
　胸腺嘧啶核苷酸⋯⋯

2. A 與 T 彼此的形狀恰可吻合。

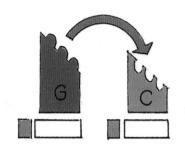

3. 鳥糞嘌呤核苷酸與胞嘧啶核苷酸⋯⋯

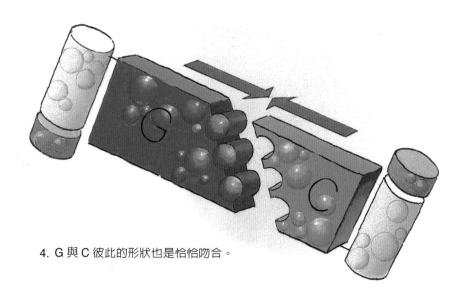

4. G 與 C 彼此的形狀也是恰恰吻合。

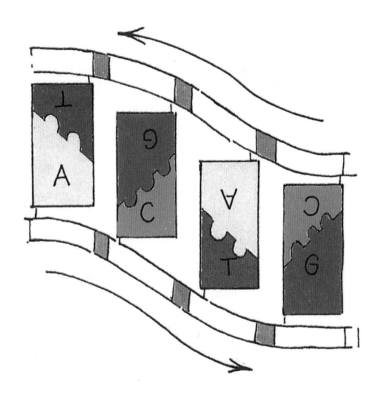

DNA 上的一股會與另一股互補。注意！因為 A 會與 T 配對，G 會與 C 配對，所以兩股核苷酸序列的串連方向勢必會相反，請見上圖中的相反箭頭。也就是如果其中一股的序列是由左到右串連起來，則另一股一定是由右到左把核苷酸一個個串起來。核苷酸可以配對，使 DNA 的兩股完美結合在一起。

你可以再靠近一點，來看 DNA 的結構！

1951 年，華森和克里克開始在英國的劍橋一起做研究。他們認為只要能夠看到 DNA 分子的廬山真面目，應該就可以了解 DNA 是如何攜帶訊息以及如何自我複製。當時，他們對於 DNA 的化學特性已經了解頗多。

DNA 最初是在 1869 年由瑞士的生物學家米契爾發現的。之後，陸陸續續有許多化學家確認出 DNA 上有 4 種核苷酸，並了解它們如何串連成長鏈。

再者，1949 年，在紐約哥倫比亞大學做研究的化學家查加夫指出，儘管從動物、植物、酵母菌、細菌 4 種生物細胞中抽取 DNA 時，可以發現每一種生物的 4 種核苷酸含量皆不同；但不論是哪一種生物的 DNA，其中的腺嘌呤核苷酸的含量始終與胸腺嘧啶核苷酸的含量相同，而鳥糞嘌呤核苷酸的含量也始終與胞嘧啶核苷酸的含量相同。

當時，沒有人了解為什麼這兩組核苷酸的含量會有如此一致性的關係。到底是什麼樣的 DNA 結構可以解釋這種特性呢？

華森（James Watson, 1928- ），美國生化學家。與克里克於 1953 年共同發現 DNA 的雙螺旋結構，而同獲 1962 年諾貝爾生理醫學獎。

克里克（Francis Crick, 1916-2004），英國生物物理學家。後來跨行進入認知科學領域，從視覺研究心靈，著有《驚異的假說》（天下文化出版）。

米契爾（Johann Miescher, 1844-1895），瑞士生物學家，DNA 發現者。

查加夫（Irwin Chargaff, 1905-2002），奧地利裔美籍生化學家，發明「查加夫法則」：DNA 的 4 個鹼基互相之間的比例固定。

微弱的鍵結

微弱的鍵結讓大型的分子能夠「變形、拆開、再黏合」。這些由正電與負電所產生的微弱吸引力，比讓原子結合成分子的共價鍵微弱許多，強度只有 1/20，而且僅在很近的距離內才會形成。這種微弱得恰到好處的鍵結既可穩住 DNA 上「A 與 T」以及「G 與 C」的配對關係，也允許 DNA 的雙股在自我複製時能迅速分開來。

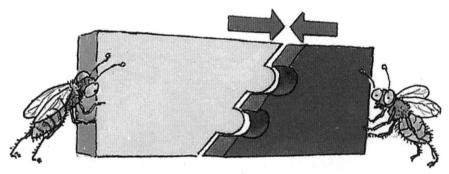

這玩意兒容易拼裝……

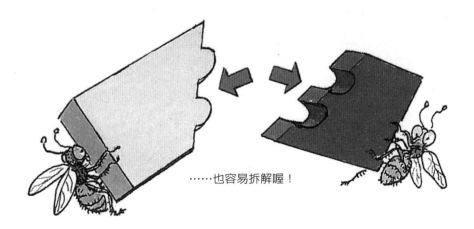

……也容易拆解喔！

DNA —— 好一個「雙螺旋」

訊息就在百轉千迴間

　　DNA 看起來就像把一個細長的階梯經過嚴重的扭曲後，所形成的螺旋結構物。DNA 如同細得不能再細的絲線，意味著它可以輕易的塞進狹小的空間中。它的雙股結構則確保內部不會自我打結，也可保護寶貴的 DNA 字母（即兩兩相向的核苷酸配對）不受到破壞。此外，我們也將看到，DNA 的雙股特質對於複製 DNA 來講，是絕對必要的。

　　細菌靠著一條長長的雙螺旋就把所有的 DNA 都搞定了。在人類的細胞中，DNA 則是住在 46 條染色體上，也就是 46 條雙股的螺旋上。想知道一條 DNA 長鏈有多長嗎？下面這些數字保證嚇死你：如果我們把 DNA 長鏈上的每個核苷酸假想成一個英文字母，那麼細菌的 DNA 可以寫成 60 冊一般長度的小說，人類的 DNA 則可寫成 1,500 冊！如果把一個人類細胞的所有 DNA 頭尾相連，可以連成一條長達 180 公分的細線。要把這麼多又這麼長的 DNA 雙螺旋統統塞進一個小小的細胞核中，是多麼不容易的事啊，可見 DNA 一定是難以想像的纖細，才能夠摺疊包裹成緻密的微小構造。如果人體約有 50 兆個細胞，那麼每個人身上所有 DNA 加起來的總長將有 900 億公里，這長度夠你在地球與太陽之間來回 300 次呢！

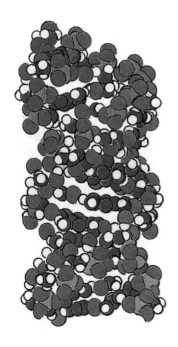

◀ 左邊的分子模型顯示出 DNA 中原子的排列。

華森與克里克發現 DNA 的結構

1952 年，在倫敦做研究的韋爾金斯與法蘭克林利用一種叫做 X 射線繞射的方法來檢視 DNA 的形狀。他們用 X 射線照射 DNA，並在攝影用的底片上記錄由 DNA 分子引起的繞射圖樣。這項研究指出，DNA 可能含有兩條或三條長鏈，而且鏈上的鹼基好像是以某種方式互相堆疊起來。

於是，當時在劍橋的華森和克里克根據法蘭克林和韋爾金斯的部分研究結果，試著剪出一個個的核苷酸形狀，他們一開始是拿厚紙板來剪，後來則改用金屬薄片。這種動手做模型的方式，成了他們發現 DNA 結構的關鍵因素。

讓人精神為之一振的是，華森和克里克發現每個核苷酸的分子形狀竟獨特到腺嘌呤核苷酸只能與胸腺嘧啶核苷酸吻合、而鳥糞嘌呤核苷酸也僅能與胞嘧啶核苷酸吻合。這恰恰可以解釋先前查加夫的發現。

當華森和克里克把這些鹼基對排到由去氧核糖與磷酸串連而成的 DNA 雙螺旋骨幹上時，一切似乎都搭配得超級完美。

很快的，華森和克里克在 1953 年得意洋洋的向科學界展示他們的 DNA 模型。結果馬上廣為科學家所接受，不只是因為這模型本身實在太漂亮了，也因為它立即為「DNA 如何自我複製」這個問題提供了絕佳的解釋：儘管 DNA 上的一股和另一股是互補的，但在複製時，這兩股會彼此分開，好讓新的核苷酸以分開後的單股 DNA 為模版，重新合成兩份相同的雙股 DNA（請見下一頁）。

韋爾金斯（Maurice Wilkins, 1916-2004），英國生物物理學家，與華森、克里克同獲 1962 年諾貝爾生理醫學獎。法蘭克林（Rosalind Franklin, 1920-1958），英國生化學家。

DNA 的複製

基本概念

　　當一個細胞在分裂成兩個子細胞前，它的 DNA 勢必要先複製，以確保每個子細胞能獲得等份的 DNA。這意味著 DNA 的雙股首先得分開來，好讓新的互補核苷酸有機會沿著分開後的單股 DNA，一個個黏合起來，形成雙股的 DNA。

一條雙股的 DNA……

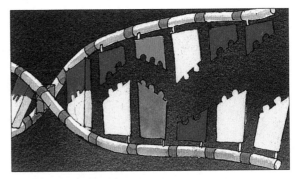

……像拉鍊那樣拉開，讓核苷酸上的鹼基露出來。

（從細胞他處製造的）自由核苷酸游移過來，與互補的核苷酸配對……

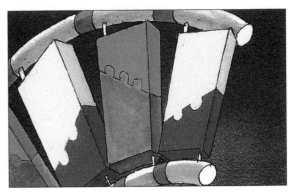

……以原來的單股當作模版，沿著骨幹逐一黏合起來。

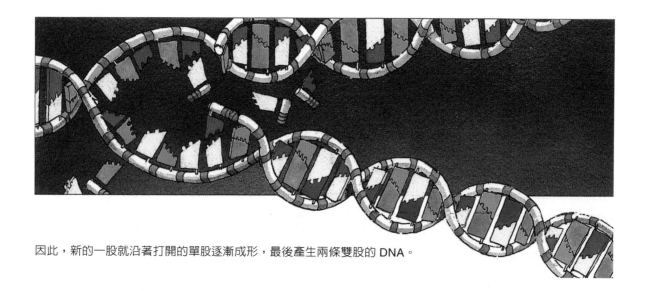

因此，新的一股就沿著打開的單股逐漸成形，最後產生兩條雙股的 DNA。

參與 DNA 複製的卡司陣容
「啟動者」由啟動蛋白（initiator protein）擔綱
「解拉鍊者」由解旋酶（helicase）擔綱
「建造者」由聚合酶（polymerase）擔綱
「清除者」由核酸修復酶（repair nuclease）擔綱
「反扭轉者」由拓樸異構酶（topoisomerase）擔綱
「扳直者」由單股 DNA 結合蛋白（single-strand DNA-binding protein）擔綱
「縫合者」由連接酶（ligase）擔綱。

酵素如何協助 DNA 複製

一派天才的超級大卡司

前面的基本概念所顯示的過程，似乎過度簡化了 DNA 複製這檔子事。不過，基因的複製就差不多像是照著食譜做蛋糕。DNA 只是被動的儲存訊息，真正執行任務的是下圖所列出的蛋白質工作小組。而且它們的工作態度嚴謹，品質有保障，往往每 10 萬個左右的核苷酸，才會出現一次失誤。

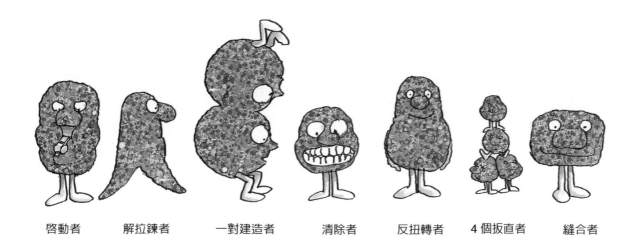

啓動者　　解拉鍊者　　一對建造者　　清除者　　反扭轉者　　4 個扳直者　　縫合者

DNA 的複製──詳細過程

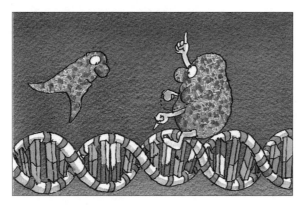

1. 啟動者找到複製的起點，並引導解拉鍊者到正確的
位置上。

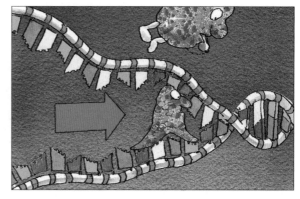

2. 解拉鍊者打斷兩股核苷酸長鏈之間的微弱鍵結，將
兩股 DNA 拆開。

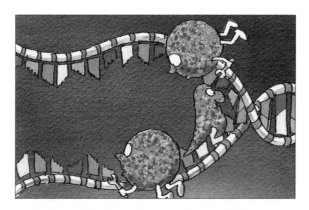

3. 接著，一對建造者抵達現場，沿著拆開的單股組裝
新的 DNA 長鏈。

4. 建造者把一個個自由的核苷酸拿來與舊股 DNA 上的
核苷酸配對，然後連結成新股 DNA。

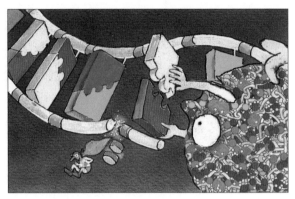

5. 自由的核苷酸載滿能量。還記得 ATP 嗎？（請見第 110～111 頁。）其實還有 GTP、CTP、TTP，這些都是高能分子。

6. 在新的核苷酸加到延長中的長鏈時，新核苷酸會釋出磷酸鍵的能量，好讓自己連接到長鏈上。

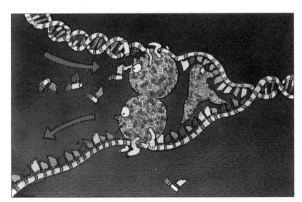

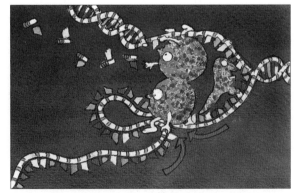

7. 上方的建造者可以跟著解拉鍊者的開路，亦步亦趨的添加互補核苷酸，但下方的建造者移動的方向恰與解拉鍊者相反。（譯按：記得嗎？前面說過 DNA 的兩股核苷酸序列的走向是相反的，這樣互補的核苷酸才能夠順利配對。）

8. 但下方的建造者還是得跟著解拉鍊者的方向前進，所以它乾脆把落在後面的單股 DNA 迴繞成一個靠近身邊的小迴圈……

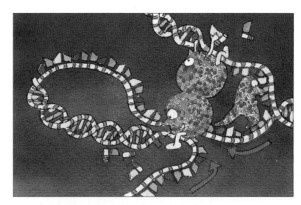

9. ……先將這迴圈下半段的新核苷酸添加上去。這樣，下方的建造者就能與上方的建造者同步由左往右移動。

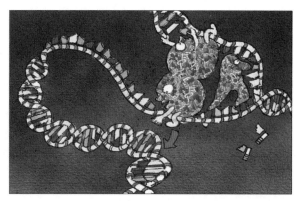

10. 等完成一個段落後，下方的建造者就鬆手，放開這段雙股的 DNA……

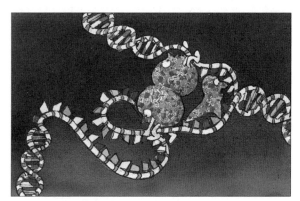

11. ……然後它再另做一個新的迴圈，重複先前的工作，把新的核苷酸一一添上。

12. 因此，當上方的新股暢行無阻、一路呼嘯而下時，下方的新股可是得分段操作，一小段一小段辛辛苦苦的建造……

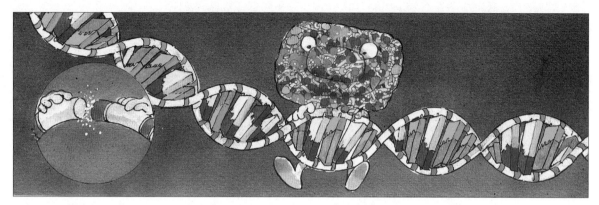

13. ……縫合者再把這一小段一小段的雙股 DNA 銜接起來。這反應需要 ATP 提供能量。

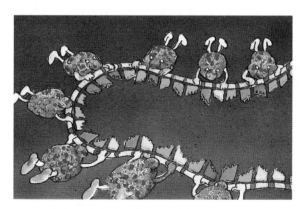

14. 下方的建造者在工作時,其實還需要一群扳直者的幫忙,讓單股 DNA 不會打結。

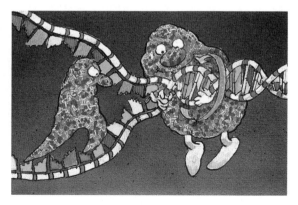

15. 而解拉鍊者也需要反扭轉者跑在前方,把原本扭轉的雙螺旋展開。

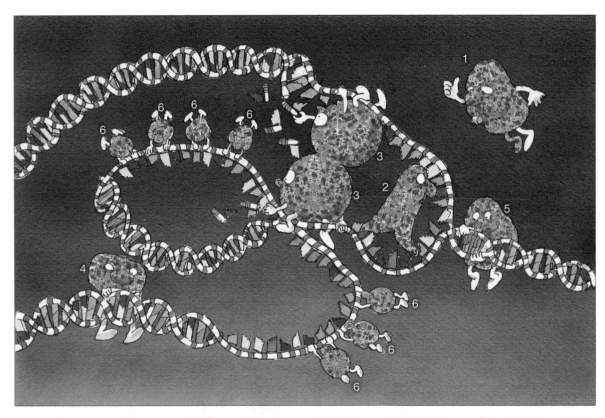

16 . 啓動者 (1)、解拉鍊者 (2)、建造者 (3)、縫合者 (4)、反扭轉者 (5)、以及扳直者 (6)，彼此密切合作，以每秒
　　處理 50 個核苷酸的速率，複製出近乎完美的 DNA 雙螺旋。

DNA 的修復

懂得自我校正的精準系統

　　儘管複製 DNA 的系統已經極度正確無誤了，但忙中有錯總是難免的，有時這種失誤可能極具毀滅性。會威脅 DNA 完整性的因子還包括細胞內的一些化學活動以及紫外線，它們通常會破壞核苷酸。

　　幸好，細胞招募了一群修復酵素來處理這些問題。這些修復酵素會定期巡邏 DNA，並在發現錯誤時立即搶修。這種修補工作有 3 個步驟：首先，清除者會找出配對錯誤或遭破壞的核苷酸，將它們剔除。接著，建造者緊隨在後，它會根據另一股 DNA 的訊息，把正確的互補核苷酸填入空隙中。最後，縫合者把缺口黏合，恢復 DNA 骨幹原來的連續性。

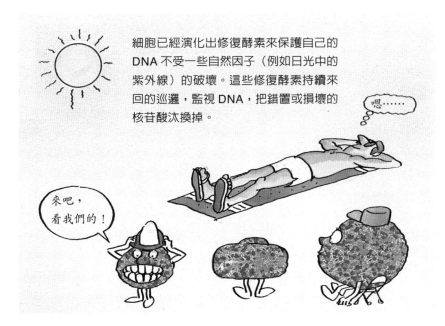

細胞已經演化出修復酵素來保護自己的 DNA 不受一些自然因子（例如日光中的紫外線）的破壞。這些修復酵素持續來回的巡邏，監視 DNA，把錯置或損壞的核苷酸汰換掉。

嗯……

來吧，看我們的！

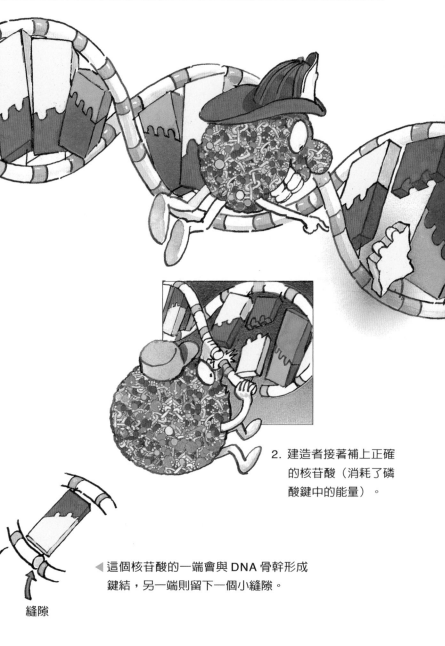

1. 清除者發現冒牌或有瑕疵的核苷酸，並狠狠的把它咬掉。

2. 建造者接著補上正確的核苷酸（消耗了磷酸鍵中的能量）。

◀這個核苷酸的一端會與 DNA 骨幹形成鍵結，另一端則留下一個小縫隙。

從核苷酸跑出來的磷酸　　縫隙

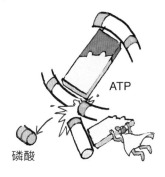

▼ 這裡讓你仔細瞧瞧 ATP
分子如何慷慨解囊，它們
捐出自己的能量，來完成
新鍵結。

ATP

磷酸

3. 縫合者利用 ATP 的
能量把縫隙黏合。

從 DNA 到 RNA：把基因的訊息轉交給傳訊者

轉錄作用：提供日常工作所需的指令

雖然 DNA 複製是細胞分裂前的重要大事，但 DNA 在平常時，也參與細胞內維生的日常工作。就如我們先前想像的那台會自我組裝的電腦，DNA 軟體提供了打造硬體所需的指示。這些指令從儲存 DNA 的所在地 —— 細胞核，透過基因的傳訊者（傳遞訊息的使者），傳送到位在細胞質中的蛋白質製造工廠（請見第 2 冊第 4 章）。基因的傳訊者通常是從基因上抄錄下來的一小段訊息，可以想像成是一種用畢即可丟掉的 DNA。

這種「拋棄式」的訊息片段頗適合某些限定的工作使用，但並不適合長期保存。不妨這樣體會一下好了：假設你跑進一個珍藏著遠古文獻資料的地窖中，取出一批寫在羊皮紙上的寶貴指示，把你

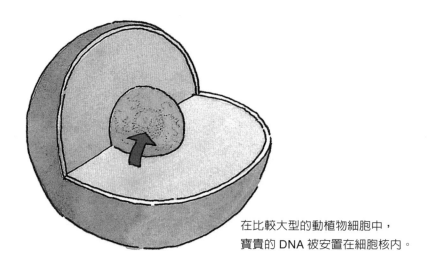

在比較大型的動植物細胞中，
寶貴的 DNA 被安置在細胞核內。

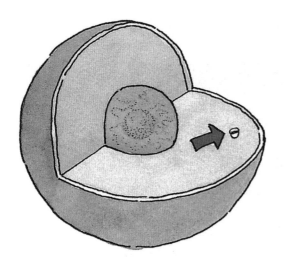

但若要製造蛋白質，DNA 所攜帶的指示訊息必須傳送到細胞核外的蛋白質製造工廠（位在細胞質中）。

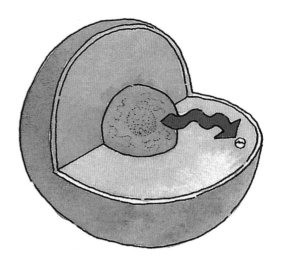

不過，叫寶貴的 DNA 把訊息親自送去工廠，似乎太冒險了。於是細胞想出一種用完即可丟的基因替代品：傳訊 RNA（簡稱 mRNA），派遣這傳訊替死鬼前往蛋白質的製造工廠。

要的部分轉抄在普通的紙上，然後把這批羊皮紙原封不動的放回原位，再帶著你抄到的指令趕往工廠去，準備啓動生產線。

　　這個過程就叫做「轉錄作用」，它代表的只是蛋白質製造工程的第一個步驟，後續的工作還複雜得很呢！從接下來的圖中，你可能會發現轉錄 DNA 的機制和複製 DNA 的過程有部分雷同之處：DNA 雙螺旋都得先打開來，然後新的核苷酸長鏈都是沿著先前已存在的一股 DNA（或稱爲模版）一路製造下去。不過這兩種過程畢竟不同，轉錄 DNA 通常一次只牽涉一個或少數幾個基因，而不是成千上萬個基因；同時，轉錄所產生的「拋棄式」分子正是所謂的 RNA（核糖核酸），算是 DNA 的近親。

製造傳訊 RNA 的過程──基本概念

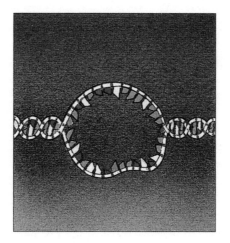

首先，一小段的 DNA 被解開。

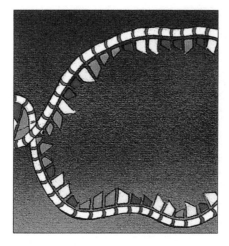

其中一股（圖中上方的那一股）攜帶
著基因的實際訊息，也就是傳訊 RNA
要抄錄的版本。

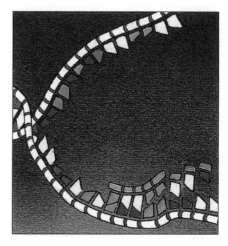

另一股則做為模版，讓傳訊 RNA 沿著
此模版製造。

傳訊 RNA 也是由核苷酸做成的，過程類似 DNA 的複製。（由於傳訊 RNA 與下方這一股 DNA 模版互補，因此傳訊 RNA 便等於是上方那一股 DNA 的複本。）

不過，傳訊 RNA 一邊合成，已合成好的部分會一邊與 DNA 模版分開。

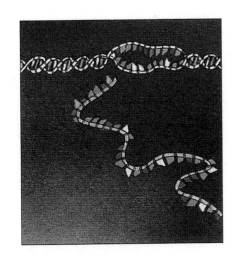

當整個基因被抄錄完畢之後，DNA 會釋出完成的傳訊 RNA，讓傳訊 RNA 前往細胞質中的蛋白質製造工廠。

建造傳訊 RNA 需要一種多才多藝的酵素

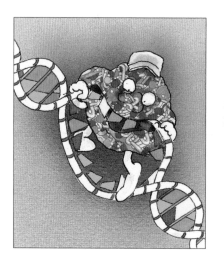

這酵素首先會在 DNA 上
找到起始點⋯⋯

然後開始抄錄基因⋯⋯

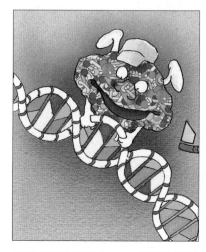

最後再把被打開的 DNA 雙螺旋關閉。

先有雞？還是先有蛋？

老問題，新視野

多少年來，科學家為了解開「先有雞或先有蛋」的問題，倒是為闡明生命的運作原理引進一些真知灼見。其實，這個矛盾的問題跟大家開了一個小玩笑，表面上這好像只是一個問題，實際上，這句話同時提出兩種不同的問題。一個是探討生命循環的問題，一個則是關於演化的問題。我們還是把它們劃分清楚比較好。

首先是一個簡單的觀察，大家都知道，一個真正的迴路是沒有起點、也沒有終點的。雞生蛋、蛋生雞，雞又生蛋、蛋再生雞，這簡直是一個沒完沒了的循環嘛！所以如果你一定要問：「雞和蛋，誰先來到這個世界？」，那麼答案恐怕是：「沒人先來，也沒人後到！」

不過，你若想了解雞和蛋之間的確切關係，以及彼此互生的機制，不妨把雞看作「機器」，把蛋當作「訊息」來思考。好比說，機器會製造訊息，而訊息會指示機器。可是即使我們這樣想，似乎還是把事情過度簡化了。儘管一顆蛋確實含有製造出一隻雞所需的一切訊息，但若缺乏一些解讀訊息的機器（也就是用來解開訊息的蛋白質），光有訊息也沒什麼用武之地。

所以呢，我們可以更精確的說，一顆蛋除了含有一切所需的訊息之外，還帶有恰恰足以使這些訊息轉變成一隻雞的機器裝備。換句話說，每個蛋都需要帶有一些些雞的成分。另一方面，一隻成年的雞則包含 100% 的訊息，加上 100% 的機器（也就是一隻完整的雞）；所以要製造出一顆新的雞蛋絕對沒有問題。

這顆蛋包含了一切的訊息……

……用以做成一隻小雞……

……然後長成一隻母雞……

這條 DNA 包含一切的訊息……

……用以製造出一隻雞的所有蛋白質。

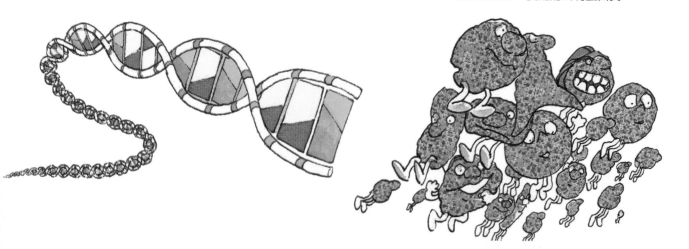

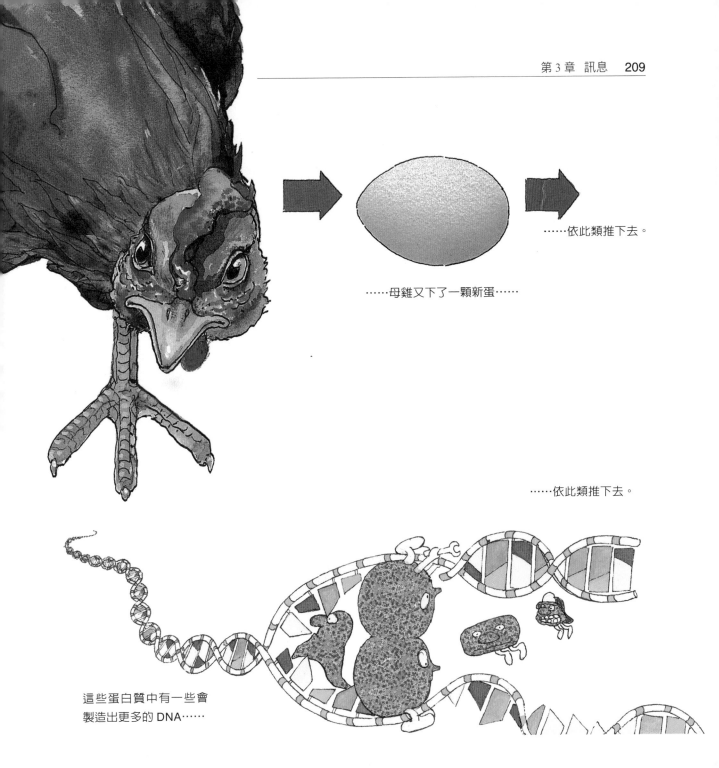

……依此類推下去。

……母雞又下了一顆新蛋……

……依此類推下去。

這些蛋白質中有一些會
製造出更多的 DNA……

　　這個看似矛盾的現象所提出的第二個問題，也許可以這麼問：「這個雞生蛋、蛋生雞的循環究竟是從哪兒來的？」如果我們追蹤雞和蛋的祖先（雞和蛋兩者皆是頗為最近的「發明」），一路回溯到幾十億年前，我們會在那起始點上看到什麼樣的東西呢？我們不確定答案會是什麼，但也許是一些既包含訊息又可當機器使用的分子（請見第 2 冊第 7 章）。從這樣的起點開始，一隻雞就這麼一小步一小步，經過一段漫長的時間漸漸形成。

> 一隻母雞只不過是一顆蛋借來生另一顆蛋的工具罷了。
> ——巴特勒（Samuel Butler, 1835-1902，英國小說家兼詩人）

DNA，好個包裝的高手！

隨風飄逝

生性聰明的 DNA 早已想出一套套巧妙的辦法來包裝自己，以確保它所含帶的訊息可以順利傳遞到下一代。DNA 的包裝技術可多著呢，花粉、核果、種子、孢子、精子、卵子等等，都是 DNA 的花招。這些載運 DNA 的工具往往也隨身攜帶了一些糧食，以便供應新生命的初期階段使用。這些載運工具中還含有足夠的機器裝備，好讓 DNA 在新的據點站穩，也就是讓 DNA 在新一代中盡情發揮，把該有的蛋白質都表現出來。

在找到可以安身立命的環境以前，這些載運 DNA 的工具大多數會消失無蹤，它們原本所含的物質將會分解成簡單的分子，導致遺傳訊息也跟著瓦解了。為了避免所有的載運工具都遭到相同厄運，生命寧可多耗費一些能量與物質，一口氣做出幾百萬個載運 DNA 的工具，如此總有一些能夠成功抵達適合生長發育的地方。

不過，有時候也不是說數量多就一定能取勝。在經過幾千年、幾萬年的嘗試與錯誤，某些生物已找到一些「利用」其他生物來幫助自己傳宗接代的妙招。譬如說，某植物的 DNA 會指示該植物的花朵分泌花蜜，來吸引蜜蜂或鳥類。這些小動物在餵飽自己的同時，不僅確保牠們的 DNA 可以存活下去，也沾黏了花朵中的 DNA 載運工具——花粉，順利的把花粉帶到新的地方。

我們也許可以從 DNA 的角度來想想這個現象：某種生物的 DNA 自有辦法獲取另一種生物的 DNA 的協助，以便在下一代中完成自我複製的神聖使命。

人類的卵差不多和這個點點的
大小相同。若將細胞核內的所
有 DNA 拉開成一直線，將可達
180 公分長。

名詞解釋

自然發生說 spontaneous generation　認為生物起源於無生命物質的學說。這是錯誤的過時觀念。

性狀 trait　由基因決定的生物特徵。

傳訊 RNA messenger RNA　簡稱 mRNA，為 DNA 轉錄作用的產物。傳訊 RNA 所攜帶的遺傳訊息，可轉譯為胺基酸的序列，以構成特定的蛋白質。

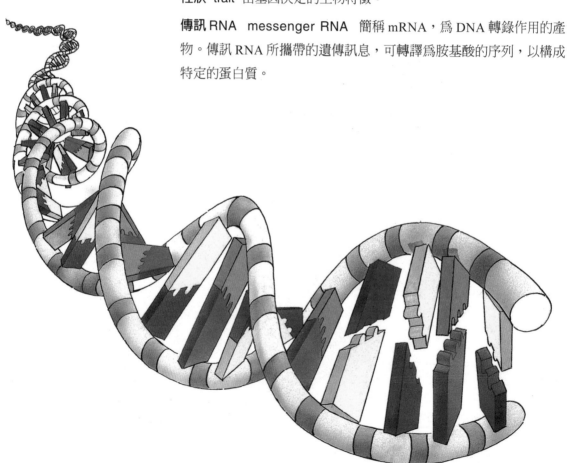

染色體　chromosome　細胞分裂時，在細胞核內可看見的線狀物，是由長鏈 DNA 和一些連結在 DNA 上的結構蛋白所形成的巨型結構，攜帶有細胞的遺傳訊息。傳統上，染色體意指細胞分裂時濃縮緻密的 DNA 分子，但現在，鬆散狀態下的 DNA 分子也可稱爲染色體。

突變　mutation　泛指遺傳物質發生改變，影響遺傳性狀的變異。突變包括基因本身的改變，以及廣義的染色體發生變異。

基因　gene　遺傳的基本單位，可以決定某特定性狀，由一段具有特殊功能的核苷酸所組成，位在染色體上。

基因組　genome　指生物體細胞核內整套染色體上的所有基因。

轉型　transformation　利用細菌把 DNA 送入細胞中，造成細胞的遺傳物質或性狀發生改變的現象。

轉錄　transcription　將 DNA 所含的遺傳密碼抄錄到傳訊 RNA 的過程，這是合成蛋白質的第一步驟。

譯後記

李千毅

　　曾經在《少年小樹之歌》的序文中讀過這段話：「奶奶說，當你遇見美好的事物時所需要做的第一件事情，就是把它分享給你四周的人；這樣，美好的事物才能在這個世界上自由自在的散播開來……」當初和《觀念生物學》的原文書相見歡時，就抱著這樣的心情，想要把好東西讓更多人知道，於是自告奮勇擔任起本書的譯職。

　　在接下來的三個多月中，我埋首於文字堆中，把一句句迎面而來的英文，慢燉苦熬成通順、達意的中文。所幸，隨著時序的變遷，冬盡春來，我的精神與心境也漸漸的愉悅起來。是春天來了嗎？沒錯！但更是因為我潛入書中的繽紛世界，與作者共鳴共舞所得到的莫大滿足與感動。

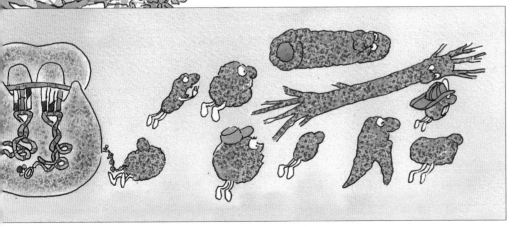

本書來自一位生物學家與一位畫家的心血結晶，他們耗費四年的時間，彼此激盪、交流，希望透過科學與藝術的水乳交融，把生命世界令人驚嘆的共通性、一致性呈現給大眾，並藉由這樣的體悟引導大家換個角度來看自然界。這將使我們的生命更加豐富精采，不論在理性、感性或靈性上，都獲得莫大的啓迪與提升。

為了以輕鬆、但印象深刻的手法，來闡述生物學的重要基礎觀念，兩位作者真是費盡心思。除了盡量迴避艱澀的專有名詞，書中還隨處可見豐富的想像力以及新鮮多汁的比喻，搭配上精緻、俏皮的插畫。讓我覺得作者真是呵護、貼心到家了，深怕怠慢了閱讀的樂趣，或讓讀者的興致有所閃失；這樣的學習方式既有助於理解，也饒富啓發，教人感受到一位科學家與一位畫家聯手出擊的熱誠。如果要用一句話來告訴讀者這書究竟有多好，我們不妨說它是一場無法抗拒的盛宴、一趟載滿驚歎號的旅程、一座無奇不有的樂園、一條貫通生命奧祕的大道……。看來，這書的絕妙是一言難盡了！

本書的用意是要邀請大家把視野扭轉 180 度來觀看生物世界。以往說到大自然，大家直覺的反應是繽紛的萬象，非洲大草原上弱肉強食的撲殺畫面啦，亞馬遜雨林裡千奇百怪的熱帶植物啦；生命的多樣性是經由漫漫的演化歷程而開花結果來的。但現在作者要追本溯源，逆游而上，從這棵枝椏繁盛、綠葉密布的生命大樹的末梢，推向它們源自的大樹幹，去尋找所有生命間的共通性，做為生命起源於同一祖先的佐證。

就以前接觸生物學的經驗，這真是前所未見的切入角度。它顛覆了傳統學習的架構與進程，改採直觀生命現象、透視生命本質的路線前進。從最微小的細菌到最複雜的人類，全部被 16 種生命共通的模式貫穿，任生物世界再怎樣繽紛多樣，全都在這一切的共通性下一視同仁、打成一片了。

既然所有的生命都依循著相同的原理與機制運轉著，那麼生命究竟是怎樣進行的呢？簡言之，這個問題的解答就藏在本書的七章中：模式、能量、

訊息、機器、回饋、群集、演化。這七篇章節，就好像搭建起生物世界舞台的七根柱子，或支撐起生命科學殿堂的七根棟樑，每一章裡的每一個話題都是那麼基本、關鍵。儘管篇幅有限，點到為止，但總的來看，全書就像一個塞滿重要生物學觀念的錦囊，任何對自然、生物有興趣的人，隨時可以輕鬆挑起這一包精華品，勇闖奧妙的生物世界。

　　生命是一個又一個的迴路，周而復始，循環不已；生生滅滅，起起落落。生命從一到多，由簡到繁，一路悠悠走過漫長的 40 億年；演化在這過程中一點一滴的累積許多小變化，漸漸導致新物種的崛起，讓我們今天的世界充滿物種的多樣性，但在這多樣性的背後卻有一些共通的模式，緊緊的把各種生物鎖在一起、串在一塊，成了生命源自同一共祖的見證。所以，儘管花花世界，物種繁多，但演化仍保留著生命起源的蛛絲馬跡，供人們去探索。很巧的，我發現本書的第 1 章與最末的第 7 章是遙遙呼應的。第 1 章講的是生命 16 種共通的模式，第 7 章談演化，也是在探討生命模式的創造。可見作者真是有心人，早就暗埋伏筆，在收尾時又回歸原先的起點，恰似生命循環的本質。

　　綜觀此書，我們除了可以掌握生命運作的根本道理，也學會了更動觀看事物的角度，從微觀的世界中鑽進去，最後又由巨觀的世界中溜出來，在見樹與見林間擺動我們的視野，時時保有認知的深度與廣度。當然，那些大約占了全書二分之一篇幅的彩色插畫更是教人愛不釋手。

　　我很高興能在此把與《觀念生物學》原文書打交道的一點心得與大家分享。翻譯絕不是一件輕鬆的事，但想到能站在知識傳播的前線，把這麼棒的書引介給國內讀者，心中還是很感謝發行人王力行女士與科學叢書主編林榮崧先生給我磨練的機會。也謝謝責任編輯徐仕美小姐幫忙潤稿、挑錯，以及負起全書圖文整合的艱鉅任務。天下文化的科學編輯小組盡了最大的努力，把這書獻給對生命科學有興趣的每一個人！

注　解

　　在寫這套書的過程中，我們曾研讀了許多參考書，獲益匪淺。不過，在此我們把最受用的一本列出來，那就是：*Molecular Biology of the Cell*，作者包括 Bruce Alberts、Dennis Bray、Julian Lewis、Martin Raff、Keith Roberts、James D. Watson，由 Garland Publishing 於 1994 年出版。另一本也是很有用的參考書是：*A Guided Tour of the Living Cell*，作者是 Christian de Duve，由 Scientific American Library 於 1984 年出版。

第 1 章　模式

第 37 頁，「在地球上出現植物或動物之前，細菌已先發明出所有維生所需的基本化學系統。細菌的本事可真不少……」關於我們細菌祖先的貢獻，可以在馬古利斯（Lynn Margulis）和薩根（Dorion Sagan）合著的《演化之舞》（*Microcosmos*, Summit Books, 1986）一書中看到精采的探討。《演化之舞》中文版由天下文化出版。

第 57 頁，「縐褶的皮膚比光滑的皮膚有較大的表面積……」除此，大象還透過過巨大的體型以及充滿微血管的耳朵來增加表面積——這可說是大自然另一個「創造性的失誤」。

第 60 頁，「……看起來就像一個戴著米老鼠耳朵的頭……」這個比喻來自沃德羅普（M. Mitchell Waldrop）所著的《複雜》（*Complexity*, Simon & Schuster, 1992）。《複雜》中文版由天下文化出版。

第 64 頁，「我們來看看帶有調速機的蒸汽引擎是如何運作的……」貝特森（Gregory Bateson）在他的著作 *Mind and Nature*（Bantam Books, 1979）中，很成功的把這個例子拿來比喻生命具有自我修正的傾向。

第 71 頁，「生命藉由汰舊換新來維持」：透過一幕幕生物的誕生與死亡，生態系中也不斷的發生汰舊與換新。儘管每個個體來來去去的，但族群中的整體特徵卻依然相當的穩定。

第 78 頁，「……從沸騰的硫磺溫泉……」最近科學家把注意力集中在一種叫做「嗜熱菌」的單細胞微生物上，這種細菌可以生活在深海的火山噴口處，以及溫度高過水的沸點的溫泉中。有證據顯示這類的生物很可能是地球上最早出現的生命。

第 80 頁，「生物是自利的，但並不會自毀……」這幾年來，科學家愈來愈重視生物互助合作的特性，這樣的研究愈來愈有分量。其中像是湯瑪士（請見第 81 頁）和馬古利斯等人就曾發表論述，暢談互利共生的演化。另外一些關於共生的有趣探討，可以參閱艾瑟羅德（Robert Axelrod）的《合作的競化》（*The Evolution of Cooperation*,

Basic Books, 1994），書中作者使用了賽局理論來展示互助合作做為一種生存策略的效果。（譯注：賽局理論（game theory）以數學模型來闡述、發展以下的基本觀點：「決策者是在與他人互動的情況下做分析、下決定。」）

第 81 頁，「……最初是像小型的掠食者那樣，侵入較大型的細菌中……」這個關於粒線體過去一度入侵細菌的理論，現今已廣被接受，並受到馬古利斯大力支持，稍後在科學家發現粒線體有它自己的 DNA（與細胞核中的 DNA 不同）之後，更加證實了這項理論。

第 2 章 能量

第 102 頁，「……就是因為能量持續的輸入輸出，不斷的有化學鍵形成、斷裂與能量轉移，才使地球維持在舒適但充滿能量的狀態……」可見光僅占電磁光譜的一小範圍，但它的能量已足以激發電子彈跳到較高能的軌域上——這是能量守恆必要的第一步。（頻率較低的紅外線能量不夠強，而頻率較高的紫外線，能量又過高，很容易打斷分子的鍵結，破壞分子的功能。）

第 108 頁，「小狗如何傳染身上的跳蚤？」這個比喻是借用自裴傑斯（Heinz Pagels）所著的 *The Cosmic Code*（Bantam Books, 1983），也有助於了解熱力學第二定律的統計特質。每一隻跳蚤就像一個原子或分子，可以到處移動。假設有一隻狗全身都是跳蚤，另一隻狗全身都未染跳蚤，則所有的跳蚤大致上只會有一個流向——也就是從原本跳

蚤較集中的一隻狗（或說是較有秩序的狀態），變成跳蚤較分散的兩隻狗（或說是較隨意分布的狀態），一直到跳蚤在兩隻狗身上的數量相當為止，即達平衡狀態。同樣的，原子和分子也會由濃度較高的地方流向較分散的狀態。想要讓這種趨勢逆轉的機會幾乎是微乎其微。這種事件的單一方向　（包括時間本身），源自原子和分子在統計學上的行為。

第 118 頁，「第四群生物，也就是『分解者』……」這類生物藉由把其他生命的物質轉化成土壤中可以重新利用的形式（也就是可使植物再度吸收利用的形式），而完成了自然界的物質循環。要是這些分解者停止工作，地球上所有的生命將很快停擺。

第 137 頁，「用稀薄的空氣打造出醣類」。有很多種生物（大多是細菌）可以不需要日光的幫助，獨自建構它們自己。其中有一些種類的生物（也許是最古老的生命形式）會把從腐朽生物而來的有機物質（也就是短的碳鏈分子，例如醣類）經由醣解作用轉變成 ATP 及它們自己需要的物質（請見第 151 頁）。還有一些則可以利用無機分子來產生充滿能量的電子和 ATP。它們於是利用這些電子、氫離子和 ATP 去轉化二氧化碳，過程頗類似光合作用的最後幾個步驟。這類生物在生態系中扮演著重要的角色，關於它們一些引人好奇的特質，可以參閱波斯給特（John Postgate）所著的 *The Outer Reaches of Life*（Cambridge University Press, 1994）。

第 3 章 訊息

第 163 頁，「生命不可能起源於無生命物質……」這個 747 客機的比喻由霍耶（Fred Hoyle）提出，並在 R. Shapiro 所著的 *Origins: A Skeptic's Guide to the Creation of Life on Earth*（Summit Books, 1986）被引用。

第 179 頁，「遺傳訊息的化學單位」。這 4 個字母可看成一種數位系統的基礎。數位系統的好處之一是，即便經過許多次的複製，訊息都不會受到磨損或變質。假設你複製一片 CD，然後再以這片複製品去複製另一片，以此類推，到了第一百片 CD，它的聲音聽起來仍然和最開始的那一片一樣真實。唱片或錄音帶的複製就無法如此傳真了。

第 202 頁，「把基因的訊息轉交給傳訊者」。1970 年代晚期，科學家發現較高等的真核生物的基因與細菌（原核細胞）的基因有一個重大的不同：不像細菌的簡單狀態，真核細胞的 DNA 上穿插了一些所謂的「內含子」（intron），這些序列並不會表現出蛋白質或蛋白質的一部分，那些會表現出蛋白質的序列稱作「外顯子」（exon）。在真核細胞的基因轉錄成 mRNA 的過程中，一開始，內含子和外顯子會先全部被轉錄下來，然後再由細胞核內的 RNA 切割酶把內含子切除，好讓外顯子銜接起來形成 mRNA，並離開細胞核，到細胞質中的核糖體上去轉譯成蛋白質。

　　現今，科學界普遍假設基因這種剪接的特質是很古老的方式，現代的細菌在它們的外顯子經過充分的發展後，丟掉了它們的內含子，以便可以更有效率的生長、繁殖。從演化的角度來看，原本 DNA 好似一條沒有意義的長鏈，後來才漸漸從中演化出一些有意義的序列（即外顯子），可以表現出蛋白質的各個有用部位（例如，賦予蛋白質分子特殊的形狀或特定的親和力等等）。

　　外顯子出現後，剪接 RNA 的機制也隨之崛起，以便把有用的序列連接成最後具有特定功能的蛋白質。這樣的組件系統有一個好處，就是允許各外顯子以不同的方式組合起來，以創造出各式各樣具有不同功能的蛋白質。

科學天地 601

觀念生物學 *1*

模式・能量・訊息

The Way Life Works

原　著｜霍格蘭、賓德生
譯　者｜李千毅、鄭方逸（第二版修訂內容）
科學天地顧問群｜林和、牟中原、李國偉、周成功

總編輯｜吳佩穎
編輯顧問｜林榮崧
主編暨責任編輯｜徐仕美
封面設計｜江儀玲
美術編輯｜黃淑英、邱意惠

出版者｜遠見天下文化出版股份有限公司
創辦人｜高希均、王力行
遠見・天下文化 事業群榮譽董事長｜高希均
遠見・天下文化 事業群董事長｜王力行
天下文化社長｜林天來
國際事務開發部兼版權中心總監｜潘欣
法律顧問｜理律法律事務所陳長文律師
著作權顧問｜魏啓翔律師
社　　址｜台北市 104 松江路 93 巷 1 號 2 樓
讀者服務專線｜（02）2662-0012　傳真｜（02）2662-0007；2662-0009
電子信箱｜cwpc@cwgv.com.tw
直接郵撥帳號｜1326703-6 號 遠見天下文化出版股份有限公司

製版廠｜東豪印刷事業有限公司
印刷廠｜鴻源彩藝印刷有限公司
裝訂廠｜聿成裝訂股份有限公司
登記證｜局版台業字第 2517 號
總經銷｜大和書報圖書股份有限公司　電話｜（02）8990-2588
出版日期｜2002 年 05 月 30 日第一版第 1 次印行
　　　　　2023 年 12 月 26 日第二版第 7 次印行

國家圖書館出版品預行編目（CIP）資料

觀念生物學 1：模式・能量・訊息 / 霍格蘭（Mahlon
Hoagland）、賓德生（Bert Dodson）著；李千毅譯 .
　── 第二版 . ── 臺北市：遠見天下文化出版，2017.06
　冊；　公分 . ──（科學天地；601）
譯自：The Way Life Works
ISBN 978-986-479-247-4（平裝）

1. 生命科學

360　　　　　　　　　　　　　　　　106009621

定價　NT420 元　　書號 BWS601　　ISBN　978-986-479-247-4　　天下文化官網 bookzone.cwgv.com.tw　　本書如有缺頁、破損、裝訂錯誤，請寄回本公司調換。
本書僅代表作者言論，不代表本社立場。